U0181604

万川
reflections

一步万里阔

The Riddle
of the Compass

罗盘

一项改变
世界的发明

THE
INVENTION THAT CHANGED
THE WORLD

【美】阿米尔·D. 艾克塞尔（Amir D. Aczel）—— 著　　　　范昱峰 —— 译

中国工人出版社

目 录

前 言

13世纪下半叶是世界史的新起点。如果说20世纪是信息革命的时代，18世纪是工业革命的开始，那么称13世纪末为商业革命的开始，可以说是恰如其分。

1280年之后数十年间，国际贸易量出现剧增，使得威尼斯、西班牙和英国等海上强权繁荣发展。这一切都得归功于一项新发明——罗盘。罗盘是第一个让航行者不论在海上、陆地以及后来在空中，不分日夜时辰，不管外在环境为何，都能迅速无误地确定方位的仪器。这使得货物能够有效和可靠地跨海运输，并为海上探索打开了新世界。

因此，罗盘是自车轮以来最重要的技术发明。除了古代的天平之外，罗盘也是有史以来发明的第一个机械测量装置，同时也是第一个带有指针的仪器，使人能够直观地看到测量结果——在这里是指方向。

罗盘的重要性不言而喻。到今天，初具雏形的针式罗盘发明了1000多年之久，有罗经刻度盘（compass card）可以指示方向的罗盘也已出现 700 多年。现在每艘轮船还是都带着罗盘，作为电子仪器失灵时的备用品。

罗盘不仅是著名的技术和科技发明，它还成为诗歌偏爱的隐喻，长久以来也是用于探秘与占卜的一个工具。自人类文明诞生以来，人类就对磁性这一自然现象着迷不已。天然磁石为何能够影响远处的金属，令人不解，因此其被视为具有神秘的力量和超自然的特质。在西方接触罗盘之前的几个世纪，中国的占卜者就已利用罗盘来勘定风水或提出预言。在欧洲，尤其是地中海盆地周围区域，懂得利用磁性设备的民族也都相当兴盛。

罗盘的起源被蒙上了一层神秘的面纱，或者说，罗盘的故事是一连串的谜团，至今还未获得圆满的解释。罗盘的发明故事跨越了人类文明的宽度。从地理上来看，这故事从中国到地中海、斯堪的纳维亚半岛、阿拉伯、非洲与新大陆，跨越了整个世界；作为一部历史，该故事涵盖了发生在古代、中世纪乃至延续至我们这个时代的事件。本书探讨的是编织成罗盘故事的一系列谜题——改变航海、商业和世界经济的发明神话。

罗盘之所以能够发挥作用，原因在于地球本身就是一块巨大的磁铁。磁铁是一种能够产生磁场的物体：这个磁场是围绕着磁铁的一个空间区域——其范围内存在着看不见的磁力线——在被称为磁铁南北两极的两点之间运行。每当电子运动时，如电流流动时，就会诱发磁场。天然磁铁如磁石等天然磁性物质，因为有电子在内部运动，因而产生磁力。磁场对于铁或类似的元素有吸引力，而且异性相吸、同性相斥。如果将磁铁置于磁场中，假设这块磁铁能自由运动，在把它固定下来后，将其南北极连成一线，这条线的方向会和所在位置的磁力线一致。

地球的地核是由铁质熔浆组成的，这些物质在地心深处进行圆球状旋转的运动。当这团液体在地壳下方旋转时，造成电荷运动产生电流，并形成磁场。这些电流使整个地球变成具有一个磁场和南北极的巨大磁铁。

磁针是一块悬浮在空中或水面的小磁铁，因此它可以自由旋转并确定自己的方向。这块磁铁对巨大的磁铁——地球——产生的磁场反应，并相应地调整自己的方向。地磁北极并不总是在我们所知道的北方方向；地磁南极也不总是在南方方向。地磁的两极常会在数十万年内保持不变，然后突然切换。在这样的转换中，地磁北极变成地磁南极，地磁南极变成了地磁北极。科学家通过研究与地球磁场对齐的元素的地质沉积物，并估计这些物质在原地凝固前自由移动和定向的时间，推断出这种神秘现象的存在。我们不知道是什么导致了地球极性的切换，也不知道下一次逆转可能发生在什么时候。但是，如果你在 30 万年前，在地球极性的最后一次转换之前航行，你的罗盘磁针指的将是南方而不是北方。

罗盘是一种可靠的仪器，但其性能也会受到某些因素的影响。地球的磁北极与地球的真正地理北极有一定的偏差。这种

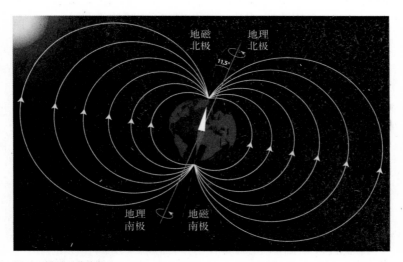

图 1　磁罗盘运作的原理

偏离的程度因时空不同而有差异。然而，航海家可以凭借科学图表的帮助，修正磁北极和地理北极的差异所带来的相对较小的误差，从而求得正确航向。磁性物质，甚至于船上的含铁金属物体，也可能导致这种偏差。这种偏差只要调整罗盘以适应其周围的环境来纠正即可，最常见的做法就是在罗盘两侧放置两颗大金属球。调整之后的罗盘，就成了航行中非常可靠的导航工具。

人类是如何发现悬浮于空中或水中的磁针，可以用来指示北方的？东、南、西、北的概念起源于哪里？航海家又是如何学会运用这种方向的？罗盘出现之前，他们是如何在海上航行的？本书试图揭示的正是这些谜题。

罗盘的故事是一个关于人类智慧的伟大故事。它是一个关于发明、创意、机会和资本的故事。这个故事讲述了一个文明如何做出一项重大的发明，而在世界另一端的文明如何将这项发明加以利用，进而促进贸易、创造财富。罗盘的故事是人类文明的故事，也是人类通过利用发明、把握机会、开发技术并充分利用其前景以寻求繁荣发展的故事。

第 一 章

奥德赛

　　我的父亲是一艘地中海邮轮的船长，我跟着他在船上长大，所以从小就对罗盘产生兴趣。除了每年在岸上上学的几个月之外，我的童年大部分时间都在船上度过。出海的时候，我就和老师靠信件来往进行补课。利用这种方式，我设法完成了学校教育，并且在船上还学到了不少别的事情。

　　10岁的时候，父亲开始教我掌舵。水手拿了一张小凳子让我垫脚，我才够得到舵轮。最初由父亲帮忙，然后我学会依据船长的命令自行操控。父亲下令"左舷十度"，我立刻复诵"左舷十度，船长"，然后依指令操作。他又下令"右舷五度"，我就重复"右舷五度"，然后转动舵轮。接着就是更艰难的工作："稳定前进。"这时我就得利用罗盘，精确维持父亲下令时的船只航向。这项工作相当艰巨，因为船只不像汽车（多年后成年考取驾照时才知道这点）。船只本身具有惯性，反应缓慢。虽然船舵告诉你的是直线前进，但船身还是继续朝原来的转向移动；所以要先把舵轮朝相反方向转动，直到船只有了反应，然后再把舵轮往回转，好让船只在正确的航向上停止转动，稳定前行。10岁时，我就知道利用罗盘操控船只既是艺术又是科学。

随着年龄的增长，我对于罗盘和舵轮产生特殊的感情。我感激父亲对我的信任（船上可是有700名乘客呢），所以努力改进技术、力求完美。多年以后，耳中还常常响起船只转弯时罗盘一度一度转动的嘀嗒声。声响的快慢间隔，显示转弯的速度以及必须停止转弯动作时得使出的力道。幼年当舵手最大的挑战，是父亲要我把船只开过墨西拿海峡（Strait of Messina），那时我才开始掌舵三四年而已。

墨西拿海峡是位于意大利南端卡拉布里亚（Calabria）地区和西西里岛之间的狭窄水道，连接地中海内的第勒尼安海（Tyrrhenian Sea）和爱奥尼亚海（Ionian Sea）两个海域。由于许多大片隆地分隔两海，所以从海峡入口直到西西里岛墨西拿市附近的狭窄尾端，水流汹涌险恶。开船穿过这处海峡，连对老练的舵手都是一项严酷的考验。那时正是夜间，船只往北前进，可以看到两边市镇的遥远灯火。在接近墨西拿海峡的尾端时，多道强烈的海流在此汇合，浊浪翻滚，船只开始震动。海流力道增强，罗盘的嘀嗒声也获得动能，我必须时而左舷、时而右舷，然后又更快转回左舷，以防船只转向过度。有时船只好像就要被急流吞噬，可是我坚决不让大海赢得这场战斗。通过海峡再度处身于波平浪静的海上时，父亲走到我的身边。船只刚刚进入第勒尼安海，我们站着一起观赏远处斯特龙博利岛（Stromboli）的琥珀色火山岩错落有致地插入天空。他温和地说："干得好。"我们安然过关，朝着意大利南部的目的地前进。

多年后，我再次来到阳光普照、景色怡人的意大利南部。这次也是在罗盘的指引之下到来，目的在于追寻这个引起航海革命的神秘仪器的起源。从孩提时代开始，我就对它深深痴迷。

离开萨莱诺（Salerno），驱车沿着海岸朝阿马尔菲（Amalfi）前进，道路非常崎岖曲折，只能以低档前进。可是阿尔法·罗密欧156（Alfa Romeo 156）正是为了这种路况而设计的。第一次急转弯时，引擎发出呼啸声，轮胎紧紧抓住地面。那是初夏一个星期五的下午，陡峭的悬崖路上车水马龙，很多人驱车勇往直前。

我环视周围，右边一片岩壁面向玫瑰色的天空，峭壁伸入海中。接近目的地的时候，植被变得更加繁茂：树干弯曲的橄榄树、红白相间的夹竹桃、紫色的九重葛，还有果实累累的野柠檬和橘子树。再前进数里，当地人建在岩石斜坡上的灰泥石屋映入眼帘。再过一个小时，当车子转过最后一个急弯开出隧道的时候，阿马尔菲就出现在下方蔚蓝的海湾旁边。我在路边停车，走下狭窄的阶梯，经过保存良好的房屋，家家户户都种着九重葛，还有摆设在窗边的盆景。最后，终于到了古老的港口。途中有家旅社，写着"罗盘旅馆"的招牌已经斑驳褪色。

不久我便来到阿马尔菲镇的镇上，这个镇位于一处小港的旁边。一面拱门上有块铜牌，用意大利文字写着：

全意大利和阿马尔菲都该感谢罗盘的伟大发明。没有罗盘，美洲和其他未经探险的地方就不可能对文明世界开放。阿马尔菲纪念此一纯属意大利的光荣，特别将荣誉献给本地之子——不朽的弗拉维奥·格洛里亚（Flavio Gioia）。他是发明罗盘的幸运儿。

——1302—1902 年

镇上绿色广场附近有块注明 1902 年建立的尖碑，刻着：

阿马尔菲献给弗拉维奥·格洛里亚——罗盘的发明者。

街道对面一座面对地中海的铜像，戴着兜帽，俯视手中拿着的罗盘；样子介于但丁和哥伦布之间，这也许并非巧合。铜像下面有一块简单的铜片，刻着十字架和弗拉维奥·格洛里亚的名字。

我所查阅的罗盘历史记录，都指出阿马尔菲是欧洲境内发明罗盘的地点，有些记载还提到弗拉维奥·格洛里亚的名字。他出现在阿马尔菲街上的每个史迹，可是他究竟是谁呢？

我走进一家书店，这里贩售各种题材的意大利文和外文书籍。可是没有一本书、没有一个字和这位最著名的阿马尔菲之子有关。我在街上、店里以及旅客服务中心到处询问，可是没有人知道哪里可以找到有关这个人和他的发明的任何信息。公车站牌指出当地巴士公司的名字是弗拉维奥·格洛里亚。在阿马尔菲，弗拉维奥到处可见，却又无处可寻。我决定多挖掘一些他的资料，可是到哪里去找呢？终于，一位警察给了我线索。

当我问起弗拉维奥，他告诉我："试试阿马尔菲文化中心吧。"他告诉我文化中心在一条小巷里，那里远离镇上以及享受阳光的观光客。我走过镇上边缘的狭窄街道，爬了一段阶梯，转过一处不起眼的建筑，找到文化中心的入口。档案管理员说："啊，有啊，有一些弗拉维奥·格洛里亚的资料。可是你也知道，到底有没有这个人都不能确定。先看完这个再决定吧。"他给了我一本小册子，上面引用了意大利历史学者巴德列·提摩帖欧·贝尔泰利（Padre Timoteo Bertelli）的说法：

> 根本没有弗拉维奥·格洛里亚这个人。他只是个神话，在传说的生存年代之后很久才被创造出来，因此值得怀疑。他只是阿马尔菲或其他地方的人，运用南方人丰富的想象力所创造的幻想而已。

我不禁嘀咕："千里迢迢而来，得到的却只有这点……南方人丰富的想象力？"我抬头看到管理员温和的笑容，眼神流露出历代意大利学者、图书馆管理员和编辑的睿智。他们都仔细搜集探寻过古代的事实。

"教授，别这么快就绝望。虽然长途跋涉，可是我认为你已经找到解开谜题的正确地点了。"

他把一大堆沾满灰尘的书籍放在我面前，发出砰然巨响。然后立刻转身进入办公室。

我坐在阅览室中，从最上面一卷看起。翻开发黄的书页，开始阅读这引人好奇的古书——以法文撰写却在那不勒斯（Naples）刊行的 200 年老论文。作者对于古代航海术做过彻底的研究，宣称考证了奥德修斯（Odysseus）使用的航海方式。

第 二 章

海空的蛛丝马迹

　　罗盘发明以前，古代水手如何在海上认路？在不了解大海，且对于人类才智没有信心的人之间，有则神话广为流传：古代水手都只敢沿着海岸航行。但这种说法完全背离事实。远古以来水手就已远离陆地、漂洋过海；引发圣经故事和希腊神话灵感的古代水手，都是没有借助于罗盘的航海老手。最近有科学家指出，2300 年前有一场发生在地中海中央的船难，距离海岸有 200 英里远，证实了古代水手并非紧沿着海岸航行的说法。

　　东地中海中央克里特岛的米诺安（Minoan），就是古代的航海帝国，其财富来自和其他国家进行的贸易。从克里特岛航行到任何地方，有一部分时间都得远离海岸跨越大海。克里特人相当成功地跨越地中海。他们的主要贸易伙伴是埃及，位于 300 多英里宽的大海东南方。在克里特岛以及邻近的圣托里尼（Santorini）岛上的米诺安遗址，发现的铜器时代（公元前 1600 年前）壁画，就有使用帆布和大桨的大型船只。这些船只往来于米诺安各港口和远处大陆之间的海洋。米诺安的水手经常越过东地中海，数天或数周之间看不到陆地。

腓尼基人和古以色列人也都是航海民族。有充分的证据显示他们都不是沿着海岸航行。约拿（Jonah）的船在海上遭遇风暴无法上陆时，掉到船外而被鲸鱼吞食。所罗门王和神秘的俄斐（Ophir，旧约圣经时期以出产纯金而闻名，但确切位置不详）进行跨海贸易，还追求希巴女王（Queen of Sheba）。

古埃及的象形文字以方形的船帆象征外国船只；本国船只则以不同形状的船帆表示。根据埃及考古地点出土的记录，可以推断早在远古时代就经常有许多外国船只抵达埃及。

罗马的航海记录还指出从诸如希腊各岛到埃及的航线。马耳他（Malta）岛的圣保罗（Saint Paul）海难，就有目击者的生动描述。马耳他岛在地中海中央，位于西西里岛和北非海岸之间。《圣经》上记载着，在乌云蔽天、日星不见许多天后，水手们感到绝望的情景。因为他们无法在这种情况之下航行。

证据显示波利尼西亚人（Polynesians）在1500年前从马克萨斯群岛（Marquesas Islands）驾着大型独木舟，越过几千英里的茫茫大海，到达夏威夷群岛定居。

只有不懂船只和航海的人，才会相信罗盘发明以前的水手只能"沿海岸航行"。水手面对的最大危险是触礁搁浅。触礁的原因在于海底深度差异极大，水手无法经常预知何处的海水够深。岩礁和浅滩范围广泛，常常延伸到岸外数英里的地方。沿岸既然充满这种危险，大海反而是水手最安全的地方。古代水手可以到达任何想去的地方，纵然在同样的海岸外往来于两地之间，也都和海岸保持安全距离，不会沿海岸航行。

隐藏的暗礁和沙洲促成第一种仪器——测深索的发明。测深索是简单的工具：一条打结的长绳，在绳子上逐段标明距离，尾端加上铅坠。早期航海界认定测深索是重要工具，所以船只欠税或为了其他原因而遭扣留时，通常会没收测深索。船只有了更现代化的装备之后，这种做法还持续了好久。萨缪尔·兰亨·克莱门（Samuel Langhorne Clemens）当时采用的笔名是马克·吐温（Mark Twain），他为船上刻上的测水线深度 2 英寻[1] 的记号，就是 19 世纪航行于密西西比河的船只使用测深索的证据。

只要水深在测深索的范围之内，测深索就能够显示深度。尾端的铅坠常常涂以油脂，拉上来之后水手可以看到海底有什么沉积物。水手能够分辨泥沙、淤泥或海藻的形状和颜色；所得的资料又可以运用于航海。

海底沉积物可以显示地壳和海沟、隆起部分和满壑的形态。这方面的知识对于航海大有帮助。在使用注明深度的海图以前，航行主要依赖船长或领航员对于海床的认识。在船只接近海岸时，必须一再使用测深索，以判断深度递减的程度，避免碰触海底，这种方法从圣经时代就采用了。圣保罗海难船上的水手，因为多日看不到天空而惊慌失措。一天午夜，水手认为可能已经接

1　1英寻等于1.829米。——编者注

近海岸，所以丢下测深索。第一次水深 20 英寻，接着是 15 英寻，因而知道他们正在迅速接近海岸。然而，第二天他们却好像故意让船只搁浅在马耳他人称为圣保罗湾的海岸。

除了海床的知识之外，水手也要根据经验了解潮汐。这种知识在大西洋和印度洋的重要性大过地中海，因为后者的潮汐变化较小。从远古时代开始，船只靠近海岸时都得雇用当地水手当领港，帮助船长把船只驶进港口。这些水手对于当地的潮汐和海底情况了如指掌，成为现代引水人的先驱；现代轮船公司大都雇用引水员，协助船长进出港口。

船只抵达可以看见陆地的地方时，对于海岸轮廓的了解，重要性无以复加。使用海图以及其他辅助工具以前，水手都得依据记忆和经验，确定目标港口的位置。海岬、海口、海角和海湾能够在外海较远的地方就可以确定。海岬因为突出于海中，对于航行特别有帮助，但也是对水手的挑战。沿海岸航行时，由于海岬附近常有暴风雨或难以预测的狂风，所以绕过海岬也是艰难的任务。此外，海岬附近的海流可能非常险恶。基于上述原因，水手都宁可在外海航行，非不得已不愿过分贴近海岸，冒险绕行海岬。

荷马（Homer）在《奥德赛》（Odyssey）中说到斯巴达国王墨涅拉奥斯（Menelaus）从特洛伊（Troy）出航返家时，在阿蒂卡（Attica）突出于爱琴海的苏尼翁角（Cape Sunion）遭遇第一次不幸。他的舵手是当时对抗暴风雨最卓越的水手，不幸遇难死亡。在安葬了舵手之后，船队继续往南，接近伯罗奔尼撒半岛（Peloponnesus）南端以恶劣天气著名的马利亚角（Cape Malea）时，天神宙斯（Zeus）吹了一阵掀起滔天大浪的飓风。船队分散走失，墨涅拉奥斯被大风刮到埃及。其余船只都被冲毁在克里特岛的岸上。

自从文明之初以来，灯塔都建在海岬或临海的高地上，协助船只认路。马利亚角从远古时代就修筑了灯塔。灯塔附近有座小教堂，里面住着一位教士，和文明地区之间隔着数里杳无人烟的地方。只要父亲的船接近马利亚角的时候，一定会鸣船笛二次致敬。这时，教士就会出来挥舞旗帜并且敲响教堂的钟，直到船只消失在悬崖之后才歇手。旅客事先获得告知都会站在甲板上观看，参与传统的海上友谊活动。父亲年轻的时候从他的船长那儿学到这项习俗，船长也是从他自己的船长身上学到的，如此代代相传不已。

古代世界七大奇景之一的罗得斯岛巨像（Colossus of Rhodes，位于爱琴海，现在隶属希腊），对航海也极有帮助。巨像是希腊神话的太阳神赫利俄斯（Helios），高度超过100英尺，是岛上一个叫林德斯（Lindos）的地方著名的雕刻师查尔斯（Chares）的杰作。巨像跨立在罗得斯岛港的入口，高大得足以让船只张帆从底下进港。这座巨像也是为了协助水手找到罗得斯岛并进港而设计的。

风向、海流的知识以及对不同动物习性的了解，对航海也有助益。风向和海流随着季节变化，但通常都有一定的规律，了解这些对于古代的舟子特别重要。下文还会谈到，罗盘上的方位名都取自盛行风（prevailing wind）的名称。

候鸟的迁徙模式以及特殊动物的出现地点，也为航海家提供了船只位置的线索。印度沿岸附近海蛇充斥，范围广及海岸之外数英里。水手看到海蛇，就可以断定已经靠近岸边。候鸟对于古代水手来说也尤为重要。不同种的候鸟各自有固定的迁徙路线。只要追踪它们，就能够判断出相应的航线。

航海家在纪元初期的几个世纪还没有罗盘，可是爱尔兰的教士就已经搭着小船，在整日阴暗的天空下，往来于各岛之间。因为他们追踪候鸟，所以能够掌握正确航线。古挪威人根据候鸟和风向，在公元 870 年发现冰岛。有时水手还有更积极的做法：把鸟带在船上。维京人把乌鸦养在船上，到了认为接近陆地的时候就放出一只。如果乌鸦飞开，船只就跟在后面，很可能会发现陆地。如果乌鸦飞回船上，就可以断定附近没有陆地。诺亚（Noah）就使用过这个方法。《圣经》故事说，诺亚放出一只鸽子，鸽子带回一截橄榄树枝。

乌鸦或其他鸟类在接近陆地的时候，可能知道海岸的位置，这也可能就是它们在海上判断方向的方法。可是跨越辽阔的茫茫大海，动物必须具有方向感。鲑鱼在大海迴游两年之后，能够认路回到出生的河流；候鸟远距离飞行，往往都能找到正确的途径到达目的地。它们是怎么办到的呢？1997 年，新西兰奥克兰大学的迈克尔·沃克（Michael Walker）和同事在《自然》（*Nature*）期刊发表一篇文章。文中报道他们发现鳟鱼的脸部神经纤维，能够对磁场产生反应。这个研究小组也研究过蜜蜂、黄鳍鲔鱼、鲑鱼、鳍鲸和鸽子对磁力的感应。科学家发现不只这些动物对于地球磁场的变动有感应，还有许多鸟类、爬虫类和哺乳类动物，很可能也会通过地球的磁极来确定方位。沃克和同事因而确认动物天赋的机制，能使它们在长途迁徙途中知道方向。这些动物似乎天生具有罗盘。可见古代水手在罗盘尚未发明之前，可能就已经在借用动物的罗盘了。

从古到今，水手一直得依赖海流与风向、海底的地形和海水的深度。他们还观察鸟类以及海上动物的习性。但罗盘发明以前——从远古直到大约 1000 年前，最重要的航海指引，不是水中或水域附近的事物，而是高挂于天上的星星。

公元前 3000 年前后，古埃及一位天文学者观察黎明前的天空，看到最明亮的天狼星从东方升起。同一天，尼罗河一年一度的泛滥开始。埃及人发现泛滥和天象的巧合之处，就据以编造历法，每一年都从天狼星和太阳同时升起的这天开始。埃及历法远比巴比伦或希腊的阴历优越，因为后者必须经常置闰，才能更正误差。

由于埃及历法的优越，希腊天文学者加以采用，终于成为西方文化的历法。埃及人还研究其他星星或星座的运动，注意它们在一年当中每天起落的时刻。他们最先把一天分成 24 小时。我们现在把每天分为 24 个 60 分钟的小时，就是希腊人修订埃及这种历法的成果，当中还包含了巴比伦六十进位的计数系统。埃及人还分辨黄道——太阳每天经过的弧形路线——上 36 个星座或恒星（这些星座就是目前黄道带的滥觞），每个星座或恒星都代表一年当中的 10 天。埃及天文学者还观测每个星座在一天当中每个小时的位置。在公元前 1800 年到前 1200 年间的棺盖上面，有的画着星座以及相关的日夜时刻。古代的历法也这样转化成为星辰时钟（star-clock）。

埃及从南到北疆域广袤，是个大国。古埃及天文学者取道红海，从上埃及、中埃及一直到下埃及，早就知道纬度造成不同星座或恒星在高度上的差异。星星从东到西的位置，虽由每年不同的季节和每天不同的时刻决定，星座或恒星在南北纵轴出现的位置却由纬度决定。原则上，只要知道正确的日期和时刻，再度量天上星星的位置，天文学者就能够知道自己所在的位置。同样，水手也可以利用这个方法估算船只的位置。

但问题在于古代的时刻非常不精确，而且依据星星确定位置的可靠器械，还要几个世纪才会出现。然而大略的估计还是有可能的。确定纬度的问题，因为不需依靠正确的时间，所以比较简单；而确定经度就必须知道正确的时间，问题困难得多。确定经度需要准确的钟表，这个问题直到 18 世纪才得以解决。

穿梭于红海南北走向航线的埃及水手，可以根据星星开始降落以前爬升的高度，估算出纬度。当然所得结果只是大略的估计，并不精确。北半球的黄道在天空的位置高过南半球。水手会注意到天狼星在母港时到达的最高点（当它越过观察者的子午线时），高过在纬度更靠南的地方观测所得。回程时，只要看到天狼星的最高位置接近在母港观测所得时，就知道已经快到母港了。这种粗略的计算和衡量方式，在航行中非常有用。因为他们的航线几乎是南北走向，所以，红海的航行在增进航海知识方面，贡献很大。

古代水手利用这种观测，获得借助天体信息估计船只在南北纵轴上位置的知识，进而了解纬度的改变。这样的估算，必须借助于古老的六分仪——水手用以目测星星与地平线所成角度的仪器。

虽然地中海比较偏于东西走向，南北走向的天体效应也一样可以适用。埃及的航海家经常往返叙利亚的比布鲁斯（Byblos）。这段航程几乎只有纬度的变化，而纬度是可以衡量的。罗马历史学者普林尼（Pliny）曾经描述地球形状和水手往南航行时星星上升的情形：

> 海上航行时最容易发现这些现象……在球体曲线后方的星星，好像突然从海面升起，清晰可见。

然而古代水手使用天文观测资料，最重要的目的不在于粗略

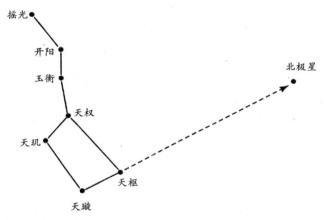

图 2　大熊座（北斗七星）与北极星

估计位置，而在于确定方向。

地球自转时，虽说天空好像在观察者上方转动，天空中的两点——北天极和南天极却维持不动。目前天空中较亮的星星——北极星（Polaris，North Star），碰巧位于北天极附近。只要找到北斗七星（Big Dipper），再沿着它的指极星（Pointer Stars），就能找到北极星。

由于岁差——地轴千万年来缓慢转动的过程，现代的北极星从前并不在北天极附近。公元前 800 年时，和北极星属于同一星座的小熊座 β 星（北极二星，Beta Ursae Minoris）比较接近天极。古代水手都懂得如何找到北斗七星和小北斗，进而确定北极。一旦确定了北方，其他方向自然各就各位。公元前 600 年前后的希腊数学家泰勒斯（Thales）指出，和他同时代的腓尼基水手因为擅长找出小北斗，进而确认小熊座，所以都精于航海。他们根本不必找寻更大却也更远的北斗七星。

古代的中国水手利用"玉盘"辨识北斗七星和小北斗，再进一步确定北极。根据星星在玉盘（称为"璇玑"）上的位置推算，科学家认为玉盘是公元前 800 年的产物。这一点足以显示，精确的现代天文学如何协助确定古物的年代。我们只要知道天体和地球上观测者的相对位置如何因岁差过程而变动，就可以利用计算机算出古时候的星体位置。只要有显示古代星体相对位置的物件，就能够据以确定年代。

白天的时候，水手可以依据太阳沿着黄道的行进路线，确定

图 3　璇玑。公元前 800 年的中国玉盘，航海中可以
用来确定北极星的位置。

大致的方向。但这个方法远不如夜晚依据北极星精确。黄道的位置终年变化不停，幸而古代水手都知道这个现象，能够根据太阳在天上的最高点定出南方的方向。至于东西两边也能根据日升日落的方向，粗略推定。

奥德修斯的船只迷途时，他说东西方向对他都毫无意义，因为所谓迷途就是不辨太阳升落的两个基本方向。北半球正午时的太阳位置偏南，得以区分东西并指出相反的方向——北方。所以正午的太阳是一天当中辨别四个方向的最好指引。可是古代水手在航行中以没有保护的肉眼观测太阳，是一件危险的事。

奥德修斯在夜晚则是根据星星航行。离开卡吕普索（Calypso）的小岛时，他"彻夜不敢合眼，注视昴星团（Pleiades）或较晚下沉的大角星（Arcturus）和大熊座……聪慧的女神卡吕普索告诉他，渡海的时候务必让这个星座在他的左边"。昴星座和牧夫座的赤经相差几乎达 11 个小时，夜间必可看到一个，所以奥德修斯能够保持正确的航向。

不论日夜，水手都可从观测天象获得程度不一的准确性，指引船只到达目的地。但恶劣天气是航行的重大障碍。乌云蔽天的时候，水手就无法认路。这是古代冬天无法从事海上航行的主要原因。

古代水手都是精明的观察者。他们的行业不只是门科学，还是一门艺术。水手的直觉和对海的认识越多，就更能迅速有效地

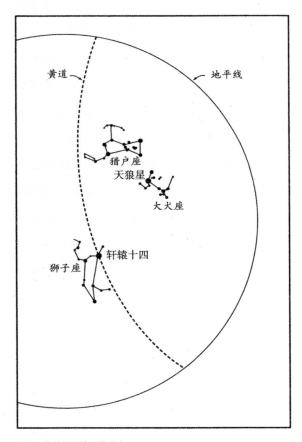

图 4　黄道（北纬 · 冬夜）

把船只驶到目的地，为雇主带来更大的利润。可是我们必须了解，古时候航行的精确程度远不如今天。当时的船长必须利用派得上用场的一切方式——天文观测、测深、估计洋流和风向，以及动物迁徙的路径，以使船只尽量接近目的地。一旦海岸在望，他又必须运用对陆地的知识校正船只的方向，平安进港。

　　古代水手虽然没有罗盘，但还是相当称职。当罗盘终于发明的时候，带来的影响比大家的预期都还微妙，其结果改变了整个世界。航海不是罗盘促成的，因为航海的出现早于罗盘的发明。可是罗盘促成冬季的航行，扩展了船只的活动范围，可以到达前所未见的地方，使得航行更有效率。罗盘也成为了世界贸易成长和扩张的催化剂。这是一个神奇的航海利器，为擅于利用罗盘的国家带来日益增长的财富和繁荣。

第 三 章

但 丁

罗盘的起源神秘无解。在西方，罗盘首次被提起，是在1187年英格兰奥古斯丁教派修士亚历山大·尼卡姆（Alexander Neckam，1157—1217）的著作中。书中的描述如下：

水手越海航行时，如遇天气阴霾或夜幕低垂，没有阳光可资利用，对于船只的航向便茫然无知，这时就得借助于磁针。磁针转了几圈，停止的时候就会指向北方。

书中没提到有关罗盘的资料得自何处或如何取得。由于尼卡姆曾在巴黎求学多年，又曾经陪同伍斯特（Worcester）的主教去过意大利，所以看到罗盘的地点不一定是在英格兰。许多资料都认为意大利人是欧洲最早使用罗盘的航海家，他所说的很可能是意大利的航海罗盘。

欧洲稍后提到的罗盘，大都出现于诗歌之中。第二次有作品提到罗盘，约在1203到1208年间，出现于法国克吕尼（Cluny）

的教士古约（Guyot de Provins）的长诗《圣经》（*La Bible*）之中。底下是部分的诗句：

> （水手拥有）不谙欺骗的技艺，
>
> 来自磁石的内在效应，
>
> 丑陋的褐色矿石，
>
> 吸引铁质前来依附，
>
> 以之触动磁针，
>
> 磁针为人击于草秆，
>
> 浮于水面，
>
> 转动千回终不变，
>
> 无疑直指北极星。

古约的罗盘信息来源一样无从知悉。只知道他曾在第三次十字军东征时期（1189—1192 年）到过黎凡特（Levant），可能就是在他搭船前往圣地的途中，获悉罗盘的用途。

参与十字军东征的阿克雷主教（Bishop of Acre）杰克（Jacques de Vitry）曾在 1218 年的著作中提到罗盘，这是欧洲文献中第三次的记载。他说罗盘是海上航行必备的仪器；天然磁石除了对航行十分重要之外，还能抵御巫术、治疗疯症，兼可抗毒，甚至还能治愈失眠。

13 世纪下半叶，意大利博洛尼亚（Bologna）诗人圭都·圭尼杰利（Guido Guinizelli）的诗作中，描述了磁针和它能够指向北极星的特质：

> 北风吹袭之地就是磁矿山，
>
> 赋予空气吸引铁的性质；
>
> 但为何保存了此种矿石的效应，
>
> 让人用以致使磁针直指星辰。

这是意大利当地首次谈到罗盘。但丁·阿利吉耶里（Dante Alighieri）景仰圭尼杰利，在《炼狱》（*Purgatorio*）第三十六、九十七至九十九章提到"我（以及其他比我杰出的人士）的父亲，吟出甜美优雅的爱之韵律"。正如但丁所说，圭尼杰利是最早使用"甜美诗体"的诗人之一。圭尼杰利对诗歌的创新，使得但丁敬他如父。他说罗盘是时间的新发明，但丁在几十年里都采用这个隐喻。

1269 年，马里库尔的朝圣者马里古特 [Peter the Pilgrim of Maricourt，拉丁文姓名是佩特鲁斯·皮瑞葛林努斯（Petrus Peregrinus）] 随从安茹公爵（Duke of Anjou）出征，驻地在意大利南部的普利亚（Apulia）。他在军营中写了一篇有关罗盘的文章，出版时称为《致战士西格里雅斯有关磁铁的书信》（*Epistle to Sigerius de Faucoucourt. Soldier, Concerning the Magnet*）。他在文中叙述干轴罗盘——磁针由中心下方的栓梢托住的罗盘；他也提到磁针浮在液体中的漂浮罗盘。他的手稿成为欧洲后来有关磁铁或罗盘著作的基础。三个世纪以后的英国著名哲学家兼数学家约翰·迪伊（John Dee），就在彼得书面的空白处加上眉批。他认为彼得说磁针受到吸引而指向北极星是错误的见解，他认为是磁针自己寻找地磁磁极。

诗人一直对罗盘着迷。磁针受到神秘不可见的力量牵引指向北极星，成为他们无法抗拒的隐喻。托斯卡尼的律师兼公证人法兰西斯科·达·巴贝利诺（Francesco da Barberino）曾在博洛尼亚和帕多瓦（Padua）求学，返回佛罗伦萨之前在阿维尼翁（Avignon）的教廷服务四年，于1313年出版诗集《爱的证言》（Documentid'Amore）。巴贝利诺借以意大利韵文附拉丁文翻译，提供海上良好生活的准则，也为遭遇海难的人指点迷津。诗中说，如果不幸遭遇船难，应该立刻制作罗盘。诗中所述，首度提供了独立可携式罗盘的资料，也就是可以在海上任何地方帮助水手觅路的罗盘。

稍早于他的诗歌，诗人对磁针着迷的情况就已经显现。1294年，意大利诗人列奥纳多·达蒂（Leonardo Dati）在他的长诗《地球》（La Sfera）第三卷第五章说：

> 使用指向北极星的罗盘，
>
> 磁针朝北，
>
> 船首的方向赫然出现。

一般公认应用于航海而装有罗经面的罗盘，于 1300 年正式出现。根据但丁在 10 年后撰写的《神曲》（*Divine Comedy*）中的描述，他在暗林中迷途（当代学者认为此事发生于 1300 年的耶稣受难日通天），结果发现他的"罗盘"——维吉尔（Virgil），指引他进入地狱，继而通过炼狱，终于到达天堂（Paradise）。

在《天堂》中，当他到达四重天进入太阳球体的时候，他听到鬼魂的歌声，使他想起海上的女妖。这位女妖专门在海岸峭壁高歌，引诱舟子，使他们偏离航线，撞上峭壁。这时他听到声音，使他像磁针一样地转向声音来处（第十二、二十八至三十章）：

> 从一盏新灯的灯芯
> 传来声音，
> 当我转身向它时，
> 就像磁针转向北极星。

引导但丁转向的，是来自法兰西斯科神秘教派的圣文德（Saint Bonaventure）的仁慈之声。但丁利用他那个时代的新发明罗盘作隐喻，磁针是吸引鬼魂朝向正义和永恒之爱的象征。这些诗篇完成于 1310 年至 1314 年之间，揭示 14 世纪初罗盘在欧洲广为大众所知的现象。

意大利人为这种新仪器起的名字是"bussola"，这个名字至今仍是意大利文中的罗盘。首度出现这个名称的文学作品，是一本 14 世纪批判但丁《神曲》的著作。

法兰西斯科·达·布提（Franscesco da Buti）的评论出版于 1380 年，时间是《神曲》出版半个世纪之后。达·布提使用"bussola"表示盒装且有罗经面的罗盘，有别于但丁诗化之指向北极星的磁针。

"Bussola"一字源自古意大利文" bussolo"，而后者又借用自中世纪拉丁文的"buxida"和"buxus"——拉丁文原意是指"木盒子"。达·布提所谓的航海罗盘，就是有玻璃盖的木盒子，有个圆形盘面装在磁铁上面，可以自由转动，能够指出 0 到 360 度，还包括一个有 16 个方向的风向罗经面。

地中海传统的航海方位系统共分为 12 个风向，这个系统可以上溯到古典时代，而且直到中世纪都没有改变。事实上，巴贝利诺在他的诗作中，也列出 12 种风向。同时代的海图则列出 16 个风向。具有风向罗经面的罗盘，从中世纪后期直到现代都有 16 个风向，或是 16 的倍数（32 或 64）。12 个风向在什么时候变成 16 个？这是什么原因呢？依据方位来航海，发源于什么地方？

第 四 章

伊特鲁里亚吊灯

　　航海使用的四个基本方向——东、西、南、北，都有相当古老的来源。这四个方向的选定，首见于《圣经》。《圣经》中指出敌人将从什么方向进攻以色列，还有以色列防军调动的时候应该采取的方向。

　　以色列全境大致沿着地中海岸呈南北走向。地中海在西边；东边是荒凉、崎岖的以东（Edom）山脉。北方是青葱翠绿的黎巴嫩山脉；南方则是荒凉的内盖夫沙漠（Negev desert）。在以色列早期的历史中，《圣经》利用这个地区的特殊地理环境界定四个主要方向：北方是"Tsafon"；东方是"Kedem"，指的是以东的红色山脉；南方就是"Negev"沙漠；西方是"Yam"，指的是地中海。这种说法至少可以追溯到 3500 年前。所罗门王的水手航越地中海和红海的时候，可能就是使用这样的名称。

　　从那以后直到罗盘发明之前，为使航海更为精确，又依据风向增加了一些方位。风向促成风向罗经面的发明，以后还应用到罗盘上面。这种详细的发展过程，如今已无从考证。

雅典市中心著名的购物休闲区普拉卡（Plaka）接连卫城
（Acropolis）的地方，有处市场的考古遗址，耸立着一座前罗马
时期的八面塔，叫作风塔（Tower of the Winds）。塔上有代表 8
个风向的图画：东、西、南、北以及夹在两两之间的东南、东
北、西南和西北。这座塔是公元前 2 世纪的天文学者——马其顿
的安德罗尼柯（Andronicus of Macedonia）建造的。8 个风向都由
男性图案代表。

接着风向又由 8 个演变成为 12 个，应用于航海。对罗盘发
明以前的水手而言，风向和风力的重要性大过太阳的升沉，原因
在于航海期间对水手影响最大的是风向和风力，而不是太阳的位
置。风势改变天气，而风向还可以决定天气的类型。正如泰勒
（E. G. R. Taylor）在《观天术》（The Haven-Finding Art）书中所
说，"让风一'吹'，就能够知道大概的风向。因此主要风向的名
字都成为刮风方向的名称，一点也不令人意外"。北半球的冷风
来自北方，而暖风来自南方。希腊人称刺骨的北风为"Boreas"，
因此，"Boreas"就成为北方。暖热的南风是"Notus"，温和的西
风是"Zephyr"，干燥的东风是"Apeliotes"，也就分别成为南方、
西方和东方的名称。

然而水手还使用更精确的方法来观察和区分风向；北风还
分为潮湿和干燥两种类型。如果北风掺杂了西风的成分，风势
比较强劲，而且可能导致下雨。这时就不称为"Boreas"，而是
"Argestes"。东北、东南和西南之间，也有同样的划分。这是八

图 5 雅典的风塔

分法的风向系统；雅典风塔显示的就是这种划分法。

　　风向罗经面就是显示不同风向的图示。水手学者亚里士多德·提摩色尼斯（Aristotle Timosthenes）大约生活于公元前250年，被埃及国王托勒密二世（Ptolemy Ⅱ）任命为海军首席领港。托勒密爱好科学和工艺，在他统治期间，埃及各方面包括航海在内都有长足进步。据说12个风向的罗经面就是提摩色尼斯的发明。提摩色尼斯的12个风向包括东、西、南、北和两两之间的两个风向。

　　提摩色尼斯为埃及船队写了一本包含行动指南的航海方针，其后数百年间，内容陆续有扩充。其他的航海书籍陆续出现，成为水手不可或缺的工具书。到了12世纪，整个地中海区域所有港口都有贩售。我们就从提摩色尼斯原著的航海方针中，提供一个例子："从希俄斯开尔斯（Chios）到莱斯博斯（Lesbos），200测距单位，随南风航行。"再举一例，以供对照。现代航行指南《尼可勒简明航海指南》（*Nicholl's Concise Guide to Navigation*，1989）的说法如下："孟买（Bombay）到亚丁（Aden），航向南南西（SSW）偏北6度，然后西北西（WNW）偏北8度，直到瓜达富伊（Guardafui）。"古代航海指南在本质上和当代的著作相当类似：两者都指出航行方向，以及用最有效率的方式到达目的地所需的时间。古代航行指南清楚显示，为何以风向为基础的做法对于水手这么有用。在前面提摩色尼斯的例子中，从希俄斯直

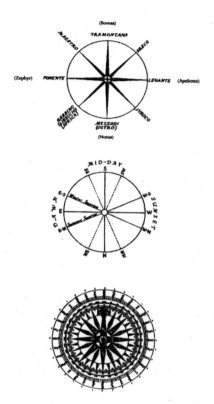

图 6　风向罗经面的发展历程（由上至下）：地中海的 8 个风向，古代传统的 12 个风向，现代罗盘的风向罗经面。

接航向莱斯博斯，必须顺着南风。南风为船只指出方向。

在古代航海指南书页的空白处，可能绘有海图。残存的中古时代海图，以风向罗经面显示风向，或以风的箭头画在空白之处。罗盘出现以前，这些海图都采用 8 个或 12 个风向。可是不知何故，一开始使用罗盘的时候，风向罗经面莫名其妙地都变成 16 个风向。为何如此？要回答这个问题，焦点在于一个和航海无甚关联的古代民族。

现代考古学成果惊人，对于失传的文明颇有发现。然而，对于伊特鲁里亚人所知却极为有限。伊特鲁里亚人原居于意大利栽植葡萄和橄榄的山区伊特鲁里亚（Etruria）。该地大概就是今天的托斯卡尼和翁布里亚（Umbria），只是范围更广。他们的极盛时期约从公元前 9 世纪到前 1 世纪，臣服于罗马。

伊特鲁里亚人的一切几乎都隐藏于神秘面纱之后，直到不久以前才稍有揭露。只知道他们出现的时间早于罗马人，留下精致的石棺，显示出对于死亡的重视。但是对于这个古文明的其他情形，所知甚少。幸而考古学已经发掘了一些有关他们的语言和风俗的资料。他们居住于小村庄或富人的简朴别墅；建立了意大利最早的几座城市佩鲁贾（Perugia）、锡耶纳（Siena）、科尔托纳（Cortona）、沃尔泰拉（Volterra）、阿雷佐（Arezzo）以及菲耶索莱（Fiesole）。因此，他们结成松散的城邦联盟，靠共同的语言、宗教和风俗维持。

伊特鲁里亚人就像其后的罗马人一样，非常爱水。玩水的时间通常从黄昏持续到深夜。残存的壁画显示富人躺在木椅上，享受由仆人供应的丰盛食物；食物包括蔬菜、麦包、谷物、干酪、水果和肉类。

他们在公元前 8 世纪时，开始和比他们先进的腓尼基人、希腊人产生接触，接受了希腊神话，结合自身敬畏死亡的信仰。他们定期对诸神谢恩奉献，祭品包含泥制的身体部位，祈求诸神庇祐这些部位。但考古学的证据显示，丰收才是祭祀中主要的愿望。

俄斐的神秘信仰在伊特鲁里亚地区相当流行。他们的预言家预卜风暴或雷电等天然事件，确定这些事件的原因，因而建立了方位体系。教士利用方位体系结合各种伎俩，使大家都相信这东西具有魔力。

1947 年，意大利学者巴基西奥·莫特佐（Bacchisio Motzo）对于中世纪的航海术有了惊人的发现。当时他正试图解答航海从上古到中世纪之间如何演进的神秘问题：8 个或 12 个方位的风向罗经面，演变成 13 世纪末以后的 16 个方位，催化剂到底是什么？

他首先研究伊特鲁里亚的占卜术。根据罗马的文献，他知道他们的预言家把地平线划成 16 个等分。这种独特的划分法是否和风向有关，然后又扩及罗盘？当水手都使用 8 个或 12 个风向的时候，为什么罗盘会有 16 个方位？他因而假设伊特鲁里亚的信仰习俗和磁性仪器的应用有关。这个仪器加上占卜用的 16 个方位，导致罗盘的产生。可是把地平线 16 等分的伊特鲁里亚占卜方式，理论来自后期的罗马人，不是直接来自伊特鲁里亚人。他需要实据，最好是伊特鲁里亚的工艺品，以证实他们的神秘宗教确实使用 16 个方位。

伊特鲁里亚学术博物馆（the Museo dell'Academia Etrusca）位于托斯卡尼省科尔托纳的中央广场。博物馆规模不大，只有一个大展示厅和几个小房间，展出文艺复兴时期的绘画，伊特鲁里亚出土的文物则放在玻璃柜中展示。出土的物件包括青铜的人马像和一些珠宝。馆中最重要的物件———一盏精致细腻的伊特鲁里亚吊灯，周边排列了 16 个图形——从大厅天花板的中心悬垂下来。

这盏吊灯大约制于公元前 5 世纪到前 4 世纪之间；1840 年几乎完好无损地在科尔托纳旧址的山脚下出土。它的独特性，引起考古学者莫大的注意。因为对于这些神话图形所蕴含的丰富象意义，他们还是觉得神秘莫测。这盏吊灯利用圆形的大铜片制成，中心处是个蛇发女妖，被 16 个图像环绕：8 个森林小妖和8 个海上女妖交错排列。面对天花板的一面，则有 16 个中空的神话生物，长着角和胡须。中空的头部可能是用来装油，以供点灯之用。

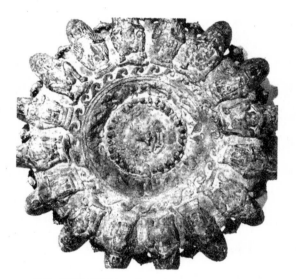

图 7　伊特鲁里亚吊灯，藏于伊特鲁里亚学术博物馆。

学者相信这盏吊灯可能是伊特鲁里亚的俄耳甫斯（Orpheus）信徒制造的。这些生物的真正含义虽仍暧昧不明，莫特佐却认为从下面看上去，这16个图形代表地平线的16等分，和现代航海界使用的系统相同。

要显示16这个数目的重要含义，伊特鲁里亚吊灯并非唯一的工艺制品。自学者开始分析吊灯以来，还研究了据信源自俄耳甫斯信仰的一些发现。俄耳甫斯信仰盛行于地中海盆地。有趣的是，一些大理石或陶瓷的工艺品也都出现把圆圈16等分的现象。

在意大利南部发现一个特殊的大理石碗，称为"Coppa Tarantina"，显示出希腊和埃及神话的结合。这件作品也有16个神祇围绕着中心图案；中心的图案和伊特鲁里亚吊灯非常相似。遗憾的是这只石碗在意大利巴利（Bari）的博物馆神秘失踪。

16这个数字的象征意义，显然继续流传到中世纪。希腊阿索斯山（Mount Athos）出土的一个在13世纪制造的祭典用碗，周围也有16个图像。

风向和磁铁由于与神秘信仰的关系而结合在一起。考古学者在爱琴海中的萨莫色雷斯岛（Samothrace）发现一个据说是占卜用的大理石巨轮。轮子的名称是阿西诺伊翁（Arsinoeion），分成16个部分。由于在希腊世界里发现的同样物品，通常都只区分为10个或12个部分，使得这项发现弥足珍贵。学者相信这个石轮属于岛上从古典时代盛行到基督教时代的教派。萨莫色雷斯岛上的宗教信仰，都利用天然磁石占卜；信徒戴的天然磁石环，会被

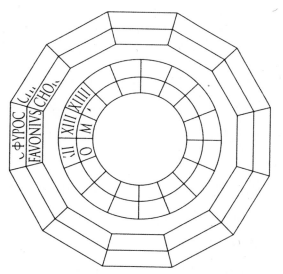

图 8 布拉格石盘碎片,显示罗盘的 12 个风向和伊特鲁里亚的 16 个风向。

领袖所戴的大钥匙吸引。大钥匙也是天然磁石制成的。传统上，一般都认为萨莫色雷斯信仰和神话中的古希腊水手有关。岛上的宗教信仰融合了罗盘的三个要素：航海、磁铁以及 16 个方位。

古代的风向罗经面有 12 个方位，16 个方位的神秘体系则成为当今的罗盘面；两者的直接关联，借由 20 世纪在意大利的考古发现而建立。这个发现是现在保存于布拉格博物馆的大理石盘。上面显示古代的 12 个风向以及伊特鲁里亚人和地中海地区使用的 16 个风向。这个大理石盘的作用，相当于 18 世纪末在埃及尼罗河口发现的罗塞塔石碑（Rosetta Stone），可以转换两种体系。（罗塞塔石碑于 1799 年出土，碑上以古埃及象形文、埃及文草书与希腊文记录同一道敕令，因为有希腊文的帮助，后人得以解译近 1500 年无人能懂的古埃及象形文。）

伊特鲁里亚吊灯和其他出土的工艺品，为罗盘的神秘来源提供了证据。13 世纪以后使用的先进罗盘，以 16 个方位的风向罗经面为基础。方位知识的建立，源自盛行于地中海沿岸宗教信仰的占卜术。可是在南意大利，传统上都把罗盘的发明归之于阿马尔菲城。

第 五 章

阿马尔菲

　　要了解阿马尔菲的历史，先要知道在它西北方向 25 英里外的邻居那不勒斯。今天的那不勒斯是个大都会，是南意大利最大的城市，也是意大利的第三大城市。那不勒斯有优良的港湾，为大小船只提供庇护之所，连美国最大型的航空母舰也可以停泊。的确，它的港湾建设良好，是地中海地区最大的港口之一。古希腊人在此建立主要港埠，使得那不勒斯有史以来就是海运中心。

　　相比之下，今天的阿马尔菲只是个小村庄。欠缺优良的天然港湾，只能停泊区区几艘的渔船。每天从索伦托［Sorrento，位于阿马尔菲西边不远处的小城，两地以阿马尔菲路（Amalfi Drive）相连］摇摇晃晃开来两班小船，带来一些大胆的游客勉强挤进村子。大多数的游客都搭乘汽车前来。因此当我们思考罗盘的历史时，第一个念头就是：盒装的航海罗盘怎么可能是在这么一个穷乡僻壤的地方发明的呢？为什么不是那不勒斯、威尼斯？或者热那亚（Genoa）？

公元前 5 世纪，希腊人在位于今天那不勒斯湾北部边缘的旧殖民地库迈（Cumae）附近，建立新城那不勒斯。这座城市和附近地区在公元前 326 年成为罗马的盟邦。罗马帝国建立时，那不勒斯和附近一带成了罗马名流喜爱的游憩场所，帝王、元老院议员、演说家以及诗人，都到这一带寻欢作乐。由于海湾港阔水深，那不勒斯在历史上一直扮演着重要航运都市的角色；其庇护大舰队的能力，使它从罗马时代直到"冷战"时期，都具有战略上的重要性。

公元 79 年，罗马的强大舰队以那不勒斯湾北方入口的靡先南（Misenum）为基地，当时维苏威火山（Vesuvius）爆发，火山灰布满整个海湾，并且摧毁庞贝（Pompeii）和赫库兰尼姆（Herculaneum）两座城市。舰队协助灾民逃难，把他们运送到海湾周围的安全地点。小普林尼目睹火山爆发的情况，并且记录下来。他的叔父老普林尼身为舰队指挥官，却在营救过程中殉职。小普林尼的叙述为那不勒斯湾作为海军基地的重要性提供了证据。今天美国第六舰队仍以那不勒斯为基地，巡弋整个地中海海域。

罗马帝国灭亡以后，那不勒斯在 543 年落入哥特人（Goths）手中，但 10 年之后又回归首府设于君士坦丁堡的东罗马帝国统治。这段时间那不勒斯维持独立，直到 1139 年被诺曼人占领，罗杰二世（Roger II）将其并入西西里帝国为止。1224 年，罗杰的孙子——霍亨斯陶芬王朝的腓特烈二世（Frederick II of

Hohenstaufen）创立那不勒斯大学，并以自己的名字命名。此后那不勒斯的艺术和科学快速发展，成为意大利南部的文化和学术中心。

1266 年到 1285 年间，在安茹家族的查尔斯（Charles of Anjou）统治之下，那不勒斯成为帝国的首府。由于是重要的海军和航运中心，战火连年不断。1442 年，亚拉冈家族的阿方索一世（Alfonso I of Aragon）取得控制权，此后直到 18 世纪，那不勒斯成为西班牙总督的驻地。1713 年，那不勒斯落入哈布斯堡王朝（Hapsburgs）手中，在 1748 年再度沦于波旁王朝（Bourbons）的控制之下，直到 1860 年并入统一的意大利为止。由于是行政中枢，南意大利包括阿马尔菲沿岸一带的人物和历史事件的记录都保存在那不勒斯。寻找阿马尔菲罗盘发明者记录的行动，就在 19 世纪末叶从那不勒斯皇家档案局开始，引发的争论至今未歇。

罗马帝国的崩溃，引发了一连串的事件。罗马帝国覆亡以后的几个世纪之间，日耳曼各族入侵意大利，导致帝国的基础建设完全崩溃。长久以来连接意大利各地和帝国其余部分的道路桥梁，都遭到破坏；联系海外殖民地的航线也遭切断。只剩沿岸的都市——阿马尔菲、加埃塔（Gaeta）、那不勒斯和威尼斯，能够继续与君士坦丁堡以及东方维持联系。到了 7 世纪前叶，东罗马帝国又失去叙利亚和埃及，只剩下君士坦丁堡和上述都市之间还有海上贸易；等到那不勒斯和邻近的加埃塔也遭到蹂躏之后，更只剩南方的阿马尔菲和北方的威尼斯两个航运中心。虽然那不勒斯港的天然条件优越，阿马尔菲在如此情况下终于还是获得机会，从强大的邻居身上取得控制权，掌握了航海权。

根据传说，阿马尔菲是君士坦丁大帝建立的。可是正式的历史记录却在100多年后的6世纪才出现。中世纪时，阿马尔菲人口约有5万，由公爵统治，其后形成世袭制度。

7世纪后半叶时，阿马尔菲和北非建立了海上贸易关系，9世纪时又和叙利亚与埃及重新接触。阿马尔菲建立这些贸易关系的时间早于威尼斯，因而早在中世纪初期就成为"地中海女王"。直到中世纪后期，威尼斯才争到这个头衔。阿马尔菲虽在11世纪末叶为诺曼人征服，但在航海界的地位仍然举足轻重。

一位名不见经传的诺曼小男爵之子罗伯特·吉斯卡德（Robert Guiscad），在1071年征服了阿马尔菲。他控制了意大利南部，接着又占领巴利和索伦托，版图日益扩大。他的绰号是"狡猾者"（The Crafty），事实上他的勇气胜过狡猾的程度。他还计划占领希腊和君士坦丁堡，进而可以自封为拜占庭皇帝。当时拜占庭的统治者亚历克修斯一世（Alexius I）感受到诺曼人的野心，因而戒慎恐惧。他获得同盟的威尼斯以海军相助，这也成就了威尼斯第一次重大的海战胜利。威尼斯舰队阻遏了吉斯卡德的进攻，把他困在科孚岛（Corfu，位于爱奥尼亚海，隶属希腊），使之无法入侵希腊。这场战役充分展现了意大利的海上力量的强大，证明意大利人的舰队已经成熟，这情形一直持续到11、12

世纪。

　　吉斯卡德在1077年正式吞并阿马尔菲，将之纳入意大利南方诺曼帝国的版图。此后由海上贸易赚得大笔财富，并以海上强权的地位，成为热那亚、比萨和威尼斯的竞争对手。那不勒斯在海上贸易方面已经毫无影响力，航海事务完全由阿马尔菲说了算，包括制定一部新的海事法律，在13到16世纪之间，通用于整个地中海区域。为了庆祝国势昌隆，阿马尔菲人在1206年建造了富丽堂皇的罗马式大教堂，以圣安德鲁为名，并把他的遗骸迎进城中。

　　阿马尔菲在其他城邦获得同样的机会之前，就同时和东、西方进行贸易往来，成为地中海盆地早期最重要、最突出的商业中心。阿马尔菲虽然作为地中海区域航运领袖的时间不长，却是航海史上的关键角色。因为从此以后，航海变得科学化而有效率。阿马尔菲成为海事法律、科技和科学的革新者，商人和航海家擅于把握那黑暗时期的阴霾中偶尔出现的裂缝；在其他城邦的情势紊乱、全球贸易衰退的时期，阿马尔菲和阿拉伯以及拜占庭的关系却有增无减、日益密切。原因在于，阿马尔菲发展了航行技能，市场无远弗届，而且往来迅速又有效率。

　　因为一些事件的偶然结合，为这么一个小地方提供了幸运的机会，促成阿马尔菲在历史上的光荣时刻。在别的城邦都还没有做好接受海洋挑战的准备时，它却能够充分掌握与利用海洋。因此，航海业的革新和发展是在这里进行的，而不是在地中海另一个古老的、成熟的航运中心。这就是为什么阿马尔菲在威尼斯之前就在航海方面表现出色，以及为什么罗盘和海事法规是在这里而不是其他地方发展起来的。

　　阿马尔菲在12、13世纪成为航海强权的时候，也建立了海军力量。只是初期的海军仅用于弭平叛乱，结果海军成了致命的弱点，导致最后的覆灭。海军甫告成立，立刻介入那不勒斯湾海战。在1296年的一次冲突中，阿马尔菲的船只攻擎伊斯嘉（Ischia，位于那不勒斯湾的最北端）岛。此后海战迭起，但阿马尔菲经常败北。证据显示，在13世纪末叶发生于那不勒斯的一场惨烈海战中，阿马尔菲的战舰惨遭焚毁。阿马尔菲将有限的珍贵资源和迫切需要的贸易虚掷于海战，对抗诺曼统治者的敌人。

　　阿马尔菲最终遭到比萨人的掠夺，损失北非的重要贸易伙伴，还遭逢瘟疫的侵袭。1343年11月24日，夜间发生的地震和暴风雨，摧毁了阿马尔菲和大部分的港埠。此后，港埠永远没有重建。因此，今天的阿马尔菲看起来不像是个真正的海港。也因此，这里居然曾经写出这么辉煌的航海史，更加令人难以置信。灾难之后的第5年（1348年），袭击全欧的黑死病攫走了此地1/3的生命，进一步减少阿马尔菲的人口。阿马尔菲从此走上衰败之途，失去航运强权的地位。然而，在其全盛时期，阿马尔菲在航海技能方面取得了长足进步。

　　早期的文件就曾提到，当时这个航海业的杰出强权和罗盘的发明有关。第一位提到阿马尔菲的历史学者，是意大利人安东尼奥·贝卡德里（Antonio Beccadelli，1394—1471）。他的拉丁文著作中写着：阿马尔菲人最先将罗盘用于航海。这句话被阿马尔菲人抄录在确立《海事法》的阿马尔菲石板上。

许多意大利文的资料来源，都证明阿马尔菲水手早在13世纪初就已知道罗盘。在12至14世纪中叶的短暂时期内，阿马尔菲取代了威尼斯和热那亚，统治着地中海航运。因此，许多学者相信阿马尔菲水手是地中海区域最早使用罗盘的人。

在1295年到1302年之间，阿马尔菲有了真正的创新。根据中世纪和现代的文件记载，他们获得了"完美"的罗盘，把飘浮在空气中或漂浮在水中的磁针，改成今天所知的罗盘：圆形盒子里面的磁铁之上，有着罗盘面和分成360度的旋转风向罗经面。中世纪意大利绘制的海图，提供了罗盘改良过程中的其他证据：1275年，著名的《比萨航海图》（Carta Pisana），显示绘图者尚未获悉分成360度罗盘面的罗盘；威尼斯制图者威斯康特（Vesconte）于1311年、达勒特（Dalorto）于1325年绘制的海图，却都显示了这种新知识的证据。

可是提到阿马尔菲发明罗盘最笃定的文件，来自意大利重要历史学者弗拉维奥·比昂多（Flavio Biondo）。他出生于1385年，生活在意大利东北方平原的弗利市（Forli）。他出版了意大利主要地区的权威历史著作《意大利分区图说》（*Italy Illustrated in Regions*）。这是他应那不勒斯国王阿方索之请完成的，书中关于阿马尔菲的部分写着：

> 众所周知，我们把应用罗盘于航海的功劳归给阿马尔菲。
> 罗盘发明于阿马尔菲，应用磁铁永远指北的性质。

四个半世纪以后，这段记载成为意大利科学史上争辩最激烈的问题核心。原因不在其内容，而在于整个争辩牵涉作者的名字。

弗拉维奥·格洛里亚的阴魂

1901 年，阿马尔菲居民忙着筹备明年的一场重大庆典。传统上将该镇发明罗盘的时间定在 1295 年到 1302 年之间，他们选取这段时间的最后一年（1302 年），作为 600 周年庆的时间。镇民选出筹备委员会，提议的庆祝活动包括建立纪念碑，并为传说中的发明者竖立雕像。全镇居民都知道他的名字：弗拉维奥·格洛里亚。

然而除了他的名字以外，镇民对他一无所知：何时出生、何时去世、住在何处，除了发明罗盘以外还有什么别的事迹，以及有没有家人？此外，还有当时最重要的问题——他的长相如何？虽然背景资料付之阙如，筹备委员会还是全力以赴。雕刻师要为他刻画出面貌、身高、体格和衣着（包括帽子），还要保证让他以严肃的态度研究手中所持的罗盘。

筹备活动在 1901 年 5 月紧锣密鼓进行的时候，意外的发展震惊了筹备委员会。那不勒斯的报纸刊登了一封读者投诉信，质疑整个庆祝活动的合理性。这封投诉信出现于 5 月 22 日的《那不勒斯信差报》(*Corriere di Napoli*)，标题为《关于罗盘周年纪念日》，内容如下：

> 有关贵报第 126 期登出题为《罗盘 600 周年（1302—1902年）》一文，容我冒昧指出以下几点：庆祝意大利古代真正的光荣事迹——从中国将磁针的知识和应用引进地中海，绝对值得赞许。此事发生于 10 世纪的阿马尔菲，应是千真万确、无可置疑⋯⋯

投信人接着提出他从 1868 年到 1893 年间，在不同刊物登出的研究成果，质疑弗拉维奥的存在。信末这么说：

> 期望庆祝罗盘发明的 600 周年庆，原也无可厚非，但应该是 900 周年庆。（投信者相信中国人发明罗盘的时间比 1302 年早了 300 年。）。

投信人署名为佛罗伦萨橡树大学的贝尔泰利，日期为 1901年 5 月 19 日。

数周后他再度发难，投信于佛罗伦萨的《卡托里卡联合报》(*L'Unita Cattolica*)，文中提出 30 年来研究罗盘发明史的主要成果。贝尔泰利透露出他反对所谓的 "弗拉维奥·格洛里亚神话" 的重要武器——"逗点遗漏说"。

　　在弗拉维奥·比昂多提出以阿马尔菲为罗盘发明地的论点61年后，阿马尔菲和罗盘再度出现于博洛尼亚语言学家詹巴提斯塔·皮欧（Giambattista Pio，1490—1565）对鲁克烈丘·卡罗（Lucrezio Caro）的诗评中。诗评是拉丁文著作，1511年于佛罗伦萨出版。

　　依据传统说法，使用磁针是弗拉维奥于阿马尔菲发明的。航海者利用罗盘确定北方，得以航行到前所未知的地方。

　　这段叙述的后半段完全引自比昂多的文字，但是前半段更有趣：

Amalphi in Campania veterimagnetis usus inventus a Flavio traditur...

　　贝尔泰利的分析如下：如将拉丁文原文"inventus a Flavio"列为一组，再和"traditur"分开，句意确实成为此后意大利文献所表达的意义，也的确促使弗拉维奥被视为罗盘的发明者。根据他的说法，误解之所以发生，是因为句意被误解为"根据传统说法，航海罗盘是弗拉维奥在阿马尔菲发明的"。贝尔泰利说这是错误的，因为皮欧的原意是阿马尔菲人发明并将磁针用于航海，再由弗拉维奥转述。贝尔泰利更指出，这个弗拉维奥正是首先提到阿马尔菲的弗拉维奥·比昂多。关键在于皮欧的句子在"inventus"之后，不知何故遗漏了一个逗点。所以原文应该是：

Amalphi in Campania veterimagnetis usus inventus,a Flavio traditur...

意为：

依据弗拉维奥所说，在阿马尔菲地区所发现磁针的用途……

其实，原文后半段只是在强调将磁针应用于航海，这是前人所不知道的进步。

贝尔泰利对于传统说法的重新解读，在阿马尔菲庆典的前几个月，于报刊上广为流传，引起极大骚动。许多学者立刻提出愤怒的反驳。

对贝尔泰利的反驳范围，从他对皮欧拉丁语法的误解，到他混淆了弗拉维奥的名和姓，不一而足。批评者宣称皮欧绝对不可能加上那个逗点。此外，皮欧所使用的古典拉丁文，动词从不指人，因而没有该动词的修饰对象。他们说原句意义绝不可能指弗拉维奥转述这个信息。

贝尔泰利的投诉信指出，弗拉维奥·比昂多在 1450 年提到阿马尔菲的时候，早已成名，而皮欧的评论出现时，意大利人提到比昂多都只说弗拉维奥。情形就像只提但丁的名字而略去姓氏一样。他还说，如果皮欧原意是说阿马尔菲的弗拉维奥·格洛里亚发明罗盘，不可能只说名字而不提姓氏。因为在皮欧写作的时期及以前，遍寻不到弗拉维奥・格洛里亚这个名字。因此，弗拉维奥・格洛里亚不可能已经出名到可以略去姓氏、只提名字的地步。

正反的论证不断出现，一些事实也逐渐浮现。首先，皮欧的资料显然直接取自弗拉维奥・比昂多，所以不能掠夺弗拉维奥之功。他之所以使用"转述"，道理在此。另外，所有提到弗拉维奥・格洛里亚的文献，都比皮欧晚了很久，而其后的历史学者都采用皮欧的资料，也就是说资料都源于弗拉维奥・比昂多。

当然，如果皮欧犯错的话，其后陆续出现有关阿马尔菲和罗盘的记载，都重蹈皮欧的覆辙：把弗拉维奥说成是罗盘的发明者，而不是发明信息的转述者。结果这条信息绵延传述了好几个世纪。第一位为弗拉维奥加上格洛里亚这个姓氏的人，是那不勒斯历史学家齐匹翁・马杰拉（Scipione Mazzella）。他在 1570 年撰写的那不勒斯地区史，有关阿马尔菲的部分如下：

> 1300 年，阿马尔菲人获致莫大的荣耀。弗拉维奥・格洛里亚发明装有航海图的罗盘，成为水手和航海家必备的辅助工具。前人都无福获知这项发明。

贝尔泰利认为，在大约是传说中发明时间的 300 年之后，弗拉维奥・格洛里亚的全名才第一次出现于文献中，可见姓名的来源可疑。他坚持这是事件在漫长期间辗转相传、产生扭曲的案例。弗拉维奥·比昂多报道阿马尔菲发明罗盘，皮欧引述他的说法，但遗漏了一个逗点，后续的人又误读了皮欧，积非成是。最终，马杰拉给了他格洛里亚的姓氏。

贝尔泰利的对手却另有说辞：弗拉维奥·格洛里亚的名字出现得这么早，比1901年早了300年，可以证明弗拉维奥·格洛里亚确实存在。杯子是半满还是半空？贝尔泰利所持的是逗点遗漏的说法，好像言之成理。可是反对者却指出许多世纪以来持续一致的记载。然而，真的持续一致吗？

弗拉维奥这个名字源于古典时代的罗马。可是从中世纪末期直到现代，阿马尔菲的任何名录都不曾出现这个名字。久斯比·卡加诺（Guiseppe Gargano）于1994年指出，在阿马尔菲地区不论是否曾出版的资料中，都没有弗拉维奥这个名字。从15世纪直到16世纪末，阿马尔菲地区确实使用过一些古典来源的名字。例如，凯撒（Giulio Cesare/Julius Cesare）、屋大维（Ottavio/Octavian）、马可·安东尼（Marco Antonio/Mark Anthony）、汉尼拔（Annibale/Hannibal）等，唯独没有弗拉维奥（Flavio/Flavius）。

弗拉维奥源自罗马，在意大利人文主义盛行期间销声匿迹了好几个世纪，但后来再度流行。1450年前后的弗拉维奥·比昂多就取了这个名字。根据这个事实，可见早于他一个半世纪的13世纪，阿马尔菲人极不可能取这个名字。

有的资料显示，发明罗盘的阿马尔菲人是弗拉维奥·戈依亚（Goia），而非格洛里亚。有的称他为乔瓦尼·戈依亚（Giovanni Goia）；有的则是弗拉维奥或乔瓦尼·戈雅 (Goya)；还有的把姓说成是吉拉（Gira）、吉西亚（Gisia）或基里 (Giri)。然后又出现了法兰西斯科这个名字，和上述的姓氏吻合。终于有人认为发明者是俩兄弟：弗拉维奥·格洛里亚和乔瓦尼·格洛里亚。

为了找出发明者的真正姓名，贝尔泰利探究所有的姓名，结果反而更加怀疑。他在 1891 年致信那不勒斯国家档案局局长巴托勒米欧·康巴索（Bartolomeo Compasso，他的姓氏和罗盘无关），请他查阅 1268 年到 1320 年期间所有的档案，寻找弗拉维奥、乔瓦尼、法兰西斯科、格洛里亚、戈依亚或基里等姓名。

康巴索回复说，在安茹家族的查理一世统治期间，也就是这个问题所牵涉的部分时间，他只找到戈雅家的罗伯特（Roberto de Goya）和伯那多·基里（Bernardo Giri）这两个名字。前者是一个小镇的牧师，后者则是于 1270 年居住在阿马尔菲沿岸小镇的军人。他说，详尽查阅安茹家族的查理二世以及罗伯统治期间，直到 1320 年所有的公文记载，也毫无所得。

康巴索告诉贝尔泰利，"剩下唯一可能让你感兴趣的记录，就是编号五七九号的罗伯国王公文。文件提到爱欧哈家的弗朗西斯（Franciscus de Ioha）这个人名。出处在 1316 年登录的二〇三号文件，可是这份文件已经遗失。"失踪的文件是否正好藏有整起神秘事件的答案呢？

非意大利文的资料来源，姓名错综复杂、令人困惑的情况，也一样充斥其间。吉尔伯特（Gilbert of Colchester）于 1625 年在伦敦出版的《磁铁》（De Magnete）中提到，罗盘是阿马尔菲的约翰·格洛里亚（John Gioia, John 的意大利文形式就是Giovanni）或戈依亚或戈依（Goe）发明的。其他资料也提到不同的姓名。

弗拉维奥·格洛里亚真有其人吗？贝尔泰利有关逗点遗漏的论点说得铿锵有力。几个世纪以来，意大利学者在罗盘的发明一事上引用前人资料的方式，很容易让我们相信……由于漏失一个逗点或对于一个句子的误解，使得错误的资料流传了几个世纪。历史学者误解了一件史实，就会由后代史家一再转述并加强其可信度。皮欧的拉丁文句子可以有两种读法：是弗拉维奥发明了罗盘呢，还是由弗拉维奥转述罗盘发明于阿马尔菲呢？

问题的关键在于姓名。弗拉维奥·格洛里亚的名字直到 16 世纪后半叶才出现，可是同时也突然出现了许多其他的名字。这些名字都正确吗？人性本来希望任何人或任何事物都有一个名字。阿马尔菲人觉得，仅只享有发明罗盘的光荣还不够；他们需要指定一个人，不管是否真有其人。

最近有人指出，罗盘可能是经过一段时期的逐渐改良而成的：先是浮在水面的圆盘，接着装上盘面和风向罗经面，最后再分成 360 度。其他的改进可能也经历一段时间。如果情形确实如此，就不能够归功于某一个人。如果是一个人在某个时间发明

图 9　阿马尔菲镇上的弗拉维奥·格洛里亚塑像。

了罗盘，这个人名也可能失传了。所以经过几个世纪后，人们很可能为阿马尔菲的罗盘发明者创造一个名字；再由于遗忘或扭曲，又创造了别的姓名。这可能就是出现这么多名字——弗拉维奥、乔瓦尼、弗朗西斯；格洛里亚、戈依亚、吉西（Gisi）、爱欧哈……的原因。

为阿马尔菲的罗盘发明者起个什么名字，其实并不重要。重要的是阿马尔菲的某人（或几个人）发明了航海用的盒装罗盘。我们可以随意为他命名，至少阿马尔菲人有权如此。弗拉维奥和任何别的名字一样好，因为这是罕见的古典名字，联系了罗盘的发明者和意大利的罗马传统。何况意大利文的格洛里亚，意思是"欢乐"（joy）。

然而，正如贝尔泰利所知，最初的罗盘并不是发明于阿马尔菲；而为使众人相信这点，他奋战不懈。阿马尔菲的发明者或发明群体，只是将磁铁加装盘面和风向罗经面，并且划分为360度，装入盒中，进而改造了古老的知识而已。中国人早在几个世纪以前就已发明了构造简单、指向南北方向的磁针。

第 七 章

铁鱼和磁龟

贝尔泰利拥有一般意大利人无法取得的资料——17 世纪派到中国的传教士撰写的报道，所以对中国科学史了解颇深。当然还有其他欧洲学者拥有中国科学史的资料，可是基于政治因素，不愿把发明罗盘的功绩归于中国。历史学家乔瑟芬·李约瑟（Joseph Needham）就曾慨叹西方对于中国的偏见，"此外还有一个倾向，认为真正重要的东西绝不可能起源于欧洲以外的地方。"他还引述 19 世纪英国的资料，提到古中国发明罗盘只是"传奇"，但认为 12 世纪后期欧洲提到罗盘的资料为"科学"。

中国人从上古时代就知道天然磁石及其神秘性质。虽说地中海沿岸的人也知道磁石吸引铁的特性，但中国人还知道天然磁石具有确定方向的性质。

一篇叙述秦始皇皇宫的故事，写成于公元前 210 年。这座皇宫配备了全世界第一个金属侦测器：皇宫的大门由整块天然磁石制成，企图偷藏铁制武器进入的人，一定会受到磁铁的吸引而遭逮捕（此事应指阿房宫的"磁石门"，见于公元 420 年至 589 年郦道元的《水经注》和佚名作《三辅黄图》）。

中国的铁器时代始于公元前 700 年前后，铁针取代了骨针，使中国人成为全世界最早发现天然磁石具有吸引铁针性质的民族。中国的文献表明，对于磁场现象的了解，促使指南针的发明。时间约在公元 1 世纪，甚至还可能更早。

中国的古文献多次提到，汤杓或汤匙具有转动后指向南方的神秘特质。指向南方的汤杓或汤匙形状有如北斗七星（大杓），都以磁石造成，而且确实具有指南的特性（当然另一边就会指向北方），功用有如罗盘。新朝（公元 9 年至 23 年）唯一的皇帝王莽，其宫殿于公元 23 年遭汉军攻入。他在乱军中被杀，由光武帝继位，建立东汉。有关攻击皇宫的记录如下：

> 火及掖廷承明，黄皇室主所居也。莽避火宣室前殿，火辄随之。宫人妇女啼呼曰："当奈何！"时莽绀袀服，带玺韨，持虞帝匕首。天文郎按（按）栻于前，日时加某，莽旋席随斗柄而坐，曰："天生德于予，汉兵其如予何！"
>
> ——《汉书卷九十九下·王莽传第六十九下》

意为：

> 大火烧到后宫承明殿，黄皇公主的居所。王莽逃到宣室前殿，但是大火立刻延烧而至。嫔妃和宫女哭喊："应当怎么办？"王莽穿着深紫色龙袍，腰系装着皇帝玉玺的丝带，

手中拿着虞帝匕首。钦天监将罗经（古时占卜器具，状似罗盘）放在他的面前，配合时辰对好方位。皇帝转动座位配合汤杓的方向，然后坐下说，"上天赐德给我，汉军能拿我怎么样？"

依据李约瑟的说法，自古以来中国的皇帝都是"南面而王"。上述故事可能是说王莽在绝望中，仍然要朝南而坐。有些学者认为王莽以大杓确定方向，而且文中还明白谈到附有汤杓的罗盘。汤杓的材料必定是天然磁石或磁化的铁质，才能指向南方。这个说法符合中国其他古文献的叙述。同一则故事还提到王莽在祭典中使用的"御杓"，很可能就是最早有关罗盘的叙述之一。

据传是王充在公元 83 年写成的《论衡》中说："指南杓置于地面时，必指向南方。"（司南之杓，投之于地，其柢南指。）后代学者认为玉匠用磁石刻成大杓的形状，制成汤杓，放在罗盘面上旋转。罗经面板边缘刻有 28 宿的名称。传统上，中国以 28 个星宿划分天空。汉朝坟墓中，曾经挖出罗经盘的碎片，周围刻有大杓和其他星座。根据这些古物推测，盘面的中心极可能是指着南方的磁石汤杓。

中国罗盘发展过程中最有力的证据，是哥伦比亚大学的李素华（Li Shu-Hua）在 20 世纪 50 年代发现的。她发现确定是在 1040 年成书的《武经总要》（该书成于 1040 年，但在四年后才补上绪论），此书保存良好，书中清楚描述一件极不寻常的仪器：

浮于水中的铁鱼。作者曾公亮叙述铁鱼的制造以及使用方法，完整且可供查证。

用铁浆铸成鱼形薄片，趁铁浆尚未冷却时，尾部朝北浸入冷水使之磁化。制成之后放进小水盘中，使之浮于水面。水盘应该避免风吹，使鱼片可以自由转动，鱼头就会指向南方。书中还警告，制造和使用方法务必绝对保密。

中国人将铁熔化，并利用地磁的方向，在凝固的过程中引发金属的磁性［这个过程称为热残磁（thermoremanence）］。由于中国人一向尊南方为大，所以鱼头都指向南方。图 10 就是依据《武经总要》的指南铁鱼复制的。

图 11 是另外一种罗盘，也是出自中国的古籍。一个小碗和一支指着南方的汤匙，据说是 1 世纪的产物。只是汤匙浮在空气中而不是水中。

《武经总要》详尽解释利用地磁的方向，使铁鱼在冷却中磁化的细节。中国广东人的方法则又不同。他们利用木炭连续七天七夜将金属加热到极高的温度，然后加上朱砂和雄鸡血。会衍生出这些仪式，可能是呼应磁铁的神秘性质。此外，中国人还知道利用天然磁石磁化铁针，并且知道如何将天然磁石做成磁性的元件。

中国人对于悬浮在中心部位的磁石汤杓，以及悬浮在空中的磁龟，有些引人入胜的描述。编纂于 1100 年到 1250 年，而在 1325 年出版的《事林广记》，记载了具有天然磁石和指针（龟尾）的干轴木龟。80 页的插图就是这个有趣的仪器。

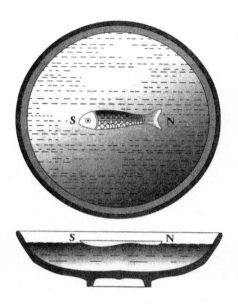

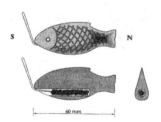

图 10　铁鱼

图 11　指向南方的汤杓

沈括的《梦溪笔谈》大约撰写于 11 世纪末年，比欧洲首次提到罗盘早了一个多世纪。书中对于罗盘的作用有非常深刻的了解。

方家以磁石磨针锋，则能指南，然常微偏东，不全南也，水浮多荡摇。指爪及碗唇上皆可为之，运转尤速，但坚滑易坠，不若缕悬为最善。其法取新纩中独茧缕，以芥子许蜡缀于针腰，无风处悬之，则针常指南。

——沈括，《梦溪笔谈》卷二十四

意为：

术士以天然磁石摩擦针尖，针尖就会指向南方。但是指针永远稍微偏东，没有完全对准南方。指针也可以浮在水面，只是稍微会有摇摆，不够稳定。也可以使之平衡在指甲上面或杯缘……以一条新蚕丝粘在指针中间使之悬垂时，效果最好。放在无风的地方，就会指着南方。

中国人在这么早的时候，如何获知磁针会偏离地球真正的北极或南极，至今仍是神秘之谜。

中国人极可能在公元 1 世纪的前 20 年间，就懂得以天然磁石制成汤杓状的旱罗盘。鱼状的水罗盘至迟在 1040 年就已发明。此外，还有干轴的磁龟或浮水的磁针。用于航海则是较晚的事情。

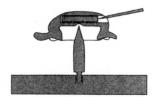

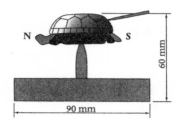

图 12　磁龟

中国文献首度提到用于航海的罗盘，出现在 1111 年到 1117 年（北宋）的《萍洲可谈》。此书所记都是 1086 年以后的事件；内容有海船、港口以及海上习俗：

> 舟师识地理，夜则观星，昼则观日，阴晦则观指南针。
>
> ——朱彧，《萍洲可谈》

意为：

> 水手都熟悉沿岸地形轮廓，夜间凭借星座，白天则根据太阳航行。如遇阴雨天气，则凭指南针决定方位。

中国古代的经济基础主要建立在土地以及土地的利用之上，并不依赖海外贸易。航运主要都是河流和运河等内河航行，不需借助罗盘。以大陆文化为主的中国人在罗盘发明之初，并不急于应用在航海上。他们反倒对磁针或磁石汤杓的神秘力量更感兴趣。虽然罗盘在欧洲扮演了海运的重要角色，中国人在真正把罗盘运用在航海之前，曾用于风水堪舆之举。

中国在历史时代之初，就已发展风水之学。根据风水堪舆的学说，风是来自地脉的大地之精；水则具有净化的功能，使土地和居民再生。风水是宇宙精灵领域的运行法则；风水之学在中国文化中占有重要地位。

早期的道教对于地形细节非常重视，山川的走势、森林和草地的方位，都经过谨慎的考量。城墙、宝塔和作为住屋的建筑都必须考虑风水的因素，以求趋吉避凶。中国人关心阴阳对于土地和人民的影响。历来所有的画作中，风景和建筑布局都显示风水的道理。城市和农村的格局，都必须配合风水的要求。中国的艺术也因而显得特别优美。

监造万里长城的蒙恬将军曾说，建筑长城无法不切断地脉。因为切断地脉极为不祥，所以一切建造计划都必须求教于地理大师。

堪舆师以罗经确定方位，所使用的罗经是浮于水面的鱼形磁针或磁龟。堪舆师根据罗经对远处力量所生影响的反应，判断风水的吉凶。中国人根据动物形罗经的指示，作出决定。

不幸的是，本来对于了解中国文化大有帮助的风水之学和罗经知识，大部分都已失传。原因是来自外国团体，也就是教会的干预。耶稣会在 17 世纪初期发挥影响力，禁止阅读许多中国题材的书籍，当中就包括风水之学。耶稣会传教士甚至下令教徒焚毁这类书籍，许多价值连城的古籍就成为西方的无知和中国的学术斗争之下的牺牲品。

1602 年，改信基督教的李应试是杰出的学者，他不惜高价收购古籍，有关风水的书籍收藏颇丰。这些古籍应该保存了不少中国古代文明和文化的记载，极可能含有罗盘发明和运用的重要资料。耶稣会教士花费了三天时间，才烧完他的藏书。为确保以后无法重印，甚至连印书的雕版也不肯放过。欧洲"神圣的无知"观念永远关闭了一道门户，使世人无法了解罗盘发明的来龙去脉，而罗盘却是中国对世界贡献卓著的发明。

根据劫火下残存的资料可知，罗经上面的 24 个方位，已有悠久的历史，只是起源神秘难解。这 24 个方位可能早在公元前 120 年就已出现，而且可能和大熊座的尾巴（大杓的握柄）有所关联。大熊座的尾巴随着时间和季节的改变而环绕北天极，从薄暮到破晓呈弧形转动。罗经面分成 28 宿以及大熊座尾巴所指的 24 个方位。罗盘指针指的是磁北极，可见磁针的来源必定相当古老。

目前所有的资料显示，中国人将罗盘应用于占卜和风水的时间早于用在航海。但是详细情形仍然无法得知。正式记录出现以前，罗盘也可能早就使用于航行了。中国人将罗盘列为不传之秘，而船只载运的旅客类型繁杂，可能有深受怀疑的外国人或道教的道士。所以，船上使用罗盘的秘密可能保守到 11 世纪末叶。

无论如何，根据《武经总要》的记载可以确定，中国人在 1040 年以前就已经发明罗盘，比欧洲文献提到罗盘大约早了 150 年。最早发明罗盘的，确实是中国人。

第 八 章

威尼斯

　　罗盘的伟大发明由中国人首开其端，是在阿马尔菲完成改良工作。可是首先将它运用于航海的，却是另一个国家（威尼斯）的水手；这个国家随着历史的脚步，终于成为航海的强权。

　　威尼斯立国之初，是由亚得里亚海北方潟湖、沼泽小岛上的小垦殖地结合而成。威尼斯人早期使用的小渔船或小驳船，不比目前遍布于市区水道载运观光客的凤尾船（gondola，也有人直接音译为"贡多拉船"）大多少。载客运货的船只穿梭于潟湖的岛屿之间，或溯河而上到达大陆的城市。

　　沼泽地带和亚得里亚海北边许多小岛，在罗马时代通称为威尼西亚（Venetia），居民以打鱼和制盐为生。古时候这一带有七个相通的潟湖，罗马历史学家普林尼称之为"七海"。"纵横七海"一词，就是用来称誉这里的居民航海本领高超。这种说法出现在罗马时代，比这些航海家的后裔（也就是威尼斯人）获得水手的至高荣誉、足迹遍及各大洋，早了 1000 年之久。

　　罗马帝国在 5 世纪覆亡，而（意大利）北方诸省沦入日耳曼人各族手中的时候，威尼西亚还归拜占庭统治。潟湖中梦幻般的小岛，以及沼泽地带的稀少人口，有时是由首都设在君士坦丁堡的东罗马帝国官员管理。

一连串本来不太可能的不幸事件相继发生，结果威尼斯迅速从人口稀少的小岛村落联盟，变成航海界的巨擘。原因是意大利本土遭到蛮族一次又一次的侵略破坏。西哥特族的亚拉里克一世（Visigoth Alaric I）于公元410年掠夺罗马，难民麇集在乡村。有的人唯恐再度遭到侵袭，就在威尼斯潟湖的岛屿上落地生根，此地居民数量因而大增。根据传说，威尼斯成为一个社会，是在难民逃到岛上聚居之后不久，时间为公元421年3月25日（当时的威尼斯社会包含了几块不相连的垦殖地，但尚不包括构成今天威尼斯的各个岛屿）。

虽有部分民众定居在潟湖的岛屿上，也有不少民众回到劫后的意大利城市重整家园。然而承平时期维持不久，第二批蛮族由匈奴王阿提拉（Attila the Hun）率领，再度于公元452年掳掠意大利北部，导致千万人流离失所。蛮族的入侵使威尼斯人口稍有增加，威尼斯各岛的代表在公元466年首度集会，成立自治政府的雏形。

伦巴底人（Lombards）于公元568年从北方入侵，意大利许多城市又遭到烧杀抢夺。此次入侵引发的难民潮中，不乏受过教育的城市居民，他们大量涌进威尼斯的潟湖。这次的情形不同以往，再也不是临时逃难，而是永久定居。后代史学家虽然过度夸大了这些新威尼斯人的贵族血统，宣称他们都来自罗马的显贵家族，实际上公元 568 年及其后来此定居的，的确有不少富人，而且在意大利本土仍然拥有土地。根据现存公元 1000 年之前的文献，许多威尼斯人仍旧是地主，大陆的田农以鸡蛋、家禽、牛肉以及农产品缴付田租。

甚至今天闻名遐迩的慕拉诺岛（Murano）玻璃工厂，当初也是罗马人开始经营的。考古学者在威尼斯潟湖的岛上发现一些古代玻璃工坊的遗址。岛上的玻璃工坊和其他工坊，加上大陆上接近威尼斯的农田，当年都是为私人所有。可见威尼斯的资本主义在罗马难民进驻以后，马上就开始了。

早期的威尼斯人出身背景混杂，主要是渔夫和早在罗马时代以前就定居于潟湖岛上的渔民后裔。由于环境因素的影响，他们擅长在沼泽地带、潟湖和河川之间驾驶小帆船。接着又加入受过专业训练、具有一技之长的都市居民，最后是富裕的地主接踵而至。族群的混合产生了特殊的文化，资本家的理念和做法得到良好的发展环境。威尼斯终于成为由能干水手和商人组成的社会，几个世纪后就统治了地中海世界。但威尼斯首先要肯定自身的地位，挑战当时的强权，还得为居民建立合适的政府形态。

这段时期拜占庭的权力中心，分别在远离潟湖的拉韦纳（Ravenna）和伊斯特里亚（lstria）两处。公元 697 年，威尼斯人归独立的总督统治，总督则受拜占庭的权力中枢节制。伦巴底人于 751 年侵占邻近的拉韦纳之后，威尼斯仍由拜占庭统治。那里早期的艺术和制度，都反映出和拜占庭的从属关系。

公元 810 年开始，这个地区发生了戏剧性的变化。查理曼大帝（Charlemagne）派遣儿子丕平（Pepin）前来征服威尼斯。丕平进攻威尼斯首府马拉莫科［Malamocco，位于今天的丽都（Lido）岛］，但总督逃到潟湖当中最大的岛屿里亚尔托（Rivoalto，这地名今天的拼法是 Rialto，威尼斯一座著名桥梁的所在地）。拜占庭派遣舰队进驻，保住控制权。双方相持不下，最后签订和约。威尼斯夹在拜占庭与法兰克人（Franks）这两大强权之间，由条约确定为公国并归拜占庭统治。只是随着时间的推移，拜占庭的控制力量逐渐式微，而威尼斯自治的领域日益扩大。时机已经成熟，威尼斯即将成为由总督和元老院统治的共和国。

由于丕平差点攻陷威尼斯，引发当地人的危机意识，他们担忧日后如果再遭到攻击，结果可能不会如此幸运。他们知道马拉莫科面对辽阔的亚得里亚海，一旦敌人来袭，脆弱的程度不亚于大陆城市。因此他们决定将主要的居住地区设在潟湖中间的群岛，以马拉莫科和沙洲作为外围的屏障。这个决定改变了以后的历史，也显示出航海知识的力量。威尼斯的位置，等于拥有易守难攻的碉堡。航行于潟湖内部的水道，则需要充分了解海床的情形，侵略者因而难以通过沙洲、进入潟湖。许多浅滩只有威尼斯人知道，一旦移走标示某处有深沟通过或岔开的木桩与标记，外人根本无法越雷池一步，到达威尼斯市所在的里亚尔托岛。威尼斯因而成为海上的堡垒，受大海庇护而获得超过千年的繁荣。

　　阿拉伯人于9世纪占领叙利亚、北非和西班牙，建立穿越整个地中海的航线。阿拉伯和拜占庭成为竞争对手，由于威尼斯地位特殊，成为拜占庭通往西方的门户。阿拉伯人征服西西里和意大利的鞋跟部分之后，这种地位更加突出。威尼斯成为欧洲通往地中海东岸及爱琴海沿岸的唯一通道。它位居东、西方的中间，成为东方的拜占庭、伊斯兰帝国与西方的拉丁—日耳曼帝国之间唯一的桥梁。这种独特的地位为增进贸易与权力提供了良机。聪慧的威尼斯人，当然不会错过。

　　威尼斯从东方运回丝绸和香料，然后从潟湖溯河而上，进入法兰克人和神圣的罗马帝国控制的欧洲大陆贩售。虽然他们也还贩售过去的主力商品如食盐和渔货，但主要的贸易品种已经扩展到东方的奢侈品。

　　威尼斯人开始建造强大的军舰来保护潟湖，以免遭到来自亚得里亚海的攻击。随着海上贸易的扩张，军舰的建造持续不停。商船和军舰都有最新的科技装备。1081年，威尼斯在亚得里亚海的基地赢得一场决定性的海战。他们派遣舰队支援拜占庭对抗诺曼人。当时诺曼人由阿马尔菲以及南意大利一些城邦的统治者罗伯·吉斯卡率领；而威尼斯人是胜利者。

　　1082年，大败吉斯卡几个月之后，拜占庭皇帝亚历克修斯为酬谢威尼斯的协助，史无前例地将全国贸易权赐予威尼斯人。

同时为了惩罚吉斯卡与之为敌，特别在他们与帝国之间的贸易上课征重税。这些事件使得阿马尔菲开始衰颓，而威尼斯以地中海贸易强权的姿态开始崛起。

教皇于 1095 年颁布文告，呼吁基督徒发动十字军，企图从异端手中夺回圣地。法国和意大利贵族群起响应，十字军第一次东征开始。1098 年，强大的舰队从比萨开航出海，占领属于拜占庭的科孚岛，并在该地过冬。1099 年，另一支舰队离开威尼斯而在罗德岛过冬。比萨舰队赶来罗德岛和威尼斯舰队会合，但是两军打了起来。威尼斯人获胜，比萨人同意从此不在拜占庭帝国的任何港口做生意。

威尼斯舰队继续渡海朝雅法（Jaffa，位于今天的以色列，为濒临地中海的港市）前进，赶在对手比萨人和热那亚人之前抵达，及时协助戈弗雷（Godfrey of Bouillon）占领雅法和海法（Haifa）两座港口。结果又从戈弗雷手中赢得更多的贸易利益，而且在 1100 年底凯旋返回威尼斯。

威尼斯自 1100 年之后，停止以舰队协防拜占庭帝国，而是将之用来维护自身的利益。其后几个世纪，威尼斯商船通过舰队的保护，掌控了东地中海。十字军东征成为变化发生的催化剂，促使威尼斯成为地中海显赫的海上强权。

当初威尼斯人从潟湖的河道运输货物前往意大利贩售时，跨越地中海的贸易主要是希腊人、叙利亚人和其他欧洲民族的天下。可是现在威尼斯发现，自己位处两大帝国之间，有机会从专营渔业、轻工业和短程贸易的地方附属国，转变为一个海上强国。

12世纪初是威尼斯历史的转折点。大约就在此时，他们开始建造大船。幸运的是，这时威尼斯人居住的地方，正是地中海极少数还有充足木材的地方之一；几个世纪以来，许多地方的森林几乎都已开采殆尽。威尼斯人因而在造船上拥有优势，他们还无视教皇的禁令，把木材卖给东方的异教徒。

威尼斯人知道，如果要充分把握利用和东方贸易的机会，必须具备更有效率的造船技术。除了商船以外，还得建造军舰，保护商船免遭海盗掠夺，也能使国家有能力对抗来自海上的敌人。他们在1104年建造一座庞大的造船厂（Arsenale），为威尼斯服务了好几个世纪，意大利文"Arsenale"还成为英文"arsenal"（兵工厂）的起源（"Arsenale"这个词来自阿拉伯文"dār sinā'ah"，意思是"建造所"）。造船厂建于威尼斯东部的两座岛屿上，半个世纪之内就成为包含造船厂、铸造厂和工坊的复合工厂。有段时间，里面的工人多达16 000人，他们以惊人的速度建造商船和军舰。外国政要从总督宫前来参观，有时走上一里长的河道，对于他们的造船技艺叹为观止。法国国王曾在上午前来参观安放龙骨，日落时分，又前来观看下水典礼，这时船具和武装一应俱全，随时可以开航。造船厂的名气之大，连但丁在《神曲》中也提到几句："正如威尼斯人的造船厂／整个寒冬浓烟蔽天／修补破损的船只。"（《地狱》第二十一章，七—九）

随着造船事业的发展，威尼斯除了建造自用的船只以外，还外销国外。他们训练优秀的水手乘风破浪，还培养押送商品的商人，随船出海，用以参与决定航线、开航的时间，以及行进方向。威尼斯的船只比其他国家的船只更民主：掌控船只的人物不叫船长，而称为水手，而且因为随水手出海的商人和船只的命运休戚与共，所以商人也积极参与船上的发号施令。商人加上水手和所有船员，决定是否改道以避开海盗、恶劣的天气或遍布礁石的危险海岸。

当船队力量日益壮大，船员开始纵横地中海从事贸易，威尼斯人的国内航线仍然使用原来的小驳船。威尼斯周围潟湖间的小岛，与不属于威尼斯城邦的小岛之间，使用小帆船或划桨的小船往来，范围包括丽都岛（过去曾有好几处沙洲）和玻璃工坊林立的慕拉诺、托尔切洛（Torcello）、布拉诺（Burano）以及其他小岛。

威尼斯富裕了起来，对十字军东征的参与度也随之增加。最初十字军都走陆路，长途跋涉到达圣地，避免渡海的危险。可是随着航海技术的改善，路线也有了变化。1199 年到 1204 年的第四次东征，是重大的转折点。十字军改变路线，不直接前往圣地，而是先占领了君士坦丁堡。法兰德斯伯爵博杜安九世（Baldwin Ⅸ）在君士坦丁堡登基，成为拉丁帝国的首任皇帝博杜安一世。君士坦丁堡的 3/8 以及整个帝国的 3/8，都交由威尼斯人统治。威尼斯就在第四次十字军东征时崛起，成为地中海上无敌的霸权，经管整个帝国。

13 世纪，威尼斯和地中海的航行者都为船只装上新的罗盘，从此不必在陆上枯等冬天过去。在引进罗盘以前，威尼斯到黎凡特的航运都得避开冬天：船队在复活节出海，9 月返港。第二支船队于 8 月出发，在目的港过冬，并于次年 5 月回到威尼斯。可是一使用罗盘，威尼斯水手随时可以知道正确方向，还可以利用"推算"（dead reckoning，根据船速和航行时间，对照罗盘指示的航向）得知船只的位置，享受科学化的豪华航行。罗盘带来的创新，使威尼斯船队能够每年往返两次，不用在海外过冬。这使威尼斯的财富急剧增加。

得力于善用罗盘，威尼斯在海上的表现，不论是战时或平时都令人刮目相看。借着盒装罗盘加上风向罗经面，威尼斯从渔民的小型社会摇身一变，成为地中海的首席帝国。

地中海所有海洋国家的航海步调，也大约在同一时间产生变化。然而，当前的海上统治者威尼斯，仍旧是最能掌握新机会的个中翘楚。学者已经确定，意大利开始使用罗盘的时间大约在 1274 年到 1280 年。比萨和热那亚的公证人档案都指出，1274 年的航海社会都还遵守避免在冬季航行的传统。可是到了 1290 年，这些城邦的船队已经无视冬天的存在，整年穿梭航行于地中海——这种改变来自罗盘的使用。

威尼斯的人口在 13 世纪增加到逾 8 万人，成为中世纪西欧最大的城市之一。随着海上贸易和财富的增加，不到一个世纪的时间，"七海"地区的人口剧增到 18 万人，其中 12 万人住在威尼斯城内（当时意大利以外的地区，只有巴黎的 10 万人口接近威尼斯）。由于意大利本土的乡村人口大量涌入威尼斯，使得都会区的人口不断增加，当时这种情形也发生在欧洲其他地方。但海上贸易的繁荣，却是中世纪大悲剧——黑死病的主因。

1347 年，从东方返航的威尼斯船只，带回造成黑死病的病毒携带者——老鼠。在一年半的期间内，3/5 的威尼斯居民死于黑死病。其后几年，威尼斯和欧洲其他城市陆续遭到黑死病的蹂躏。然而威尼斯还是跟各个灾区一样，终于从浩劫中恢复，继续执掌海权 450 年。

由于迅速精通使用罗盘等航海科学和技艺，威尼斯的航海事业成就辉煌。海权势力加上独特而稳定的政府——民选的总督和元老院（两者都从贵族中遴选），确保威尼斯能在变动不居的世界中维持不坠，这为国家赢得难以计数的财富。

罗盘的出现，预示了威尼斯的造船革命。公元 1000 年之后，威尼斯开始建造比潟湖驳船稍大的船只，13、14 世纪建造的则是真正的巨舰。中世纪时期，地中海（或其他海洋）的船只排水量不到 100 吨（船长大约 80 英尺），威尼斯拥有几艘 200 吨的船只，但也仅止于此。他们在 1260 年建造一艘大船"罗卡福尔特号"（Roccaforte），排水量高达 500 吨。移民美洲的清教徒搭乘的"五月花号"只有 180 吨，而哥伦布的"圣玛丽亚号"（Santa

Maria）才 100 吨。"罗卡福尔特号"不但是空前的大船，此后在很长的时间内也都是地中海上最大的船只。几年之内威尼斯人又建造了另一艘排水量达 500 吨的大船。他们的竞争对手热那亚，没过多久也造了两艘同样大小的商船。

　　航海事业已有长久的历史，积累了建造这种大船的经验和能力。多亏有了罗盘，浓雾或阴天时船只不再有迷途的危险，也不必再为等候过冬而浪费宝贵的时间。罗盘为他们的贸易带来安全和效率；造船技术随着罗盘的出现而改进，威尼斯船队也得以现代化。地中海船只装上罗盘之后的一个世纪之间，威尼斯有了建造大船的能力，造船数量得以大增。

　　这时经由海路运输的货物量不断增长，来自克里特的谷物和葡萄酒，成为威尼斯人的主食和美酒的来源。为了保护贸易路线，他们占领了爱琴海的岛屿，包括后来成为威尼斯领地的纳克索斯岛（Naxos）。此外还在达尔马提亚（Dalmatia）沿岸占领土地，只要有海盗袭击风险的地方，都设法进占，以保障船队安全行驶。今天游客在地中海世界仍然随处可见威尼斯风味的建筑。威尼斯在与热那亚竞争的几个世纪，仍能维持地中海的霸主地位。他们的船队从东方运来货物到西方贩售，同时还运送不少乘客，包括前往圣地的朝圣者。

　　经济繁荣促进艺术和文化的发展。威尼斯人在潟湖中建造了世界最美丽的都市；富人竞相在城内主要水道的大运河上建造富丽堂皇的官邸。著名的居民有画家提香（Titian）、丁托列托（Tintoretto）和卡纳莱托（Canaletto）；音乐家有维瓦尔第（Vivaldi）、阿尔比诺尼（Albinoni）和蒙特威尔第（Monteverdi）；还有第一位游历世界的人——马可·波罗（Marco Polo）。

伟大的发明——罗盘，造就了威尼斯，可是也导致它最后的毁灭。这真是科学史上的一大讽刺。罗盘的使用让 15 世纪的地理大发现时代得以出现，为欧洲国家开辟了新的贸易路线和新的市场。威尼斯独享了几个世纪的贸易优势不再。从 16 世纪到 18 世纪，威尼斯逐渐忽略对商船船队和海军舰队的照顾。共和国的利益转而集中在意大利本土上，而不再是跨越地中海的贸易。但威尼斯人始终是航海民族，从来没有以陆军取代海军的意愿，而且就算有也不知怎么做。经过长期的和平繁荣之后，威尼斯终于在 1797 年成为追逐逸乐、纵情声色的城邦，没有丝毫军力的保护。这项致命的错误导致威尼斯在拿破仑挥军意大利本土时，丝毫没有对抗的准备和能力。在法军抵达潟湖边缘的时候，他们才知道问题的严重性。拿破仑通过使者威吓总督和元老院，一枪未发便占领了威尼斯。拿破仑始终没有踏上威尼斯的土地，而是继续进军欧洲。"最尊贵的国家"从此走进历史。

第 九 章

马可·波罗

自公元前 4 世纪亚历山大大帝的时代以来，西方和印度之间就有经常性的联系。在 6 世纪以前，印度洋不曾出现西方航海家的踪迹，直到科斯马斯（Cosmas Indicopleustes）造访马拉巴尔海岸〔Malabar Coast，指印度西南端位于西高止山脉（Western Ghats）与阿拉伯海之间的海岸平原，有好几个世纪的时间，都是印度洋贸易的中心〕。可是欧洲人对于印度的北部和东部，仍然一无所知，也没有欧洲人去过那里。虽然从中国经由中亚到达欧洲的丝路，远自罗马时代就已存在，重要货物源源不断而来，可是这种情况依旧没有改变。蚕丝、香料和其他贵重的东方商品，沿着丝路越过广袤的大陆，到达罗马帝国的市场，欧洲人对于货物来源的神秘国家却毫无认知。

7 世纪的狄奥菲拉托（Theophylactus），是第一位熟悉中国的欧洲作家。有关中国的认识，他都得自中亚某突厥帝国派往君士坦丁堡的使节的报道。当时通往中国所有的海路与陆路，都被崛起于近东的穆斯林封锁。但还是有商人继续在东、西方之间运输、贩卖贵重的商品。威尼斯人凭借优越的船只和水手，控制了大部分的海上贸易；热那亚、比萨和其他城邦的水手，也插手其间，只是他们从来不曾越过地中海和黑海。从地中海和黑海的港口往东，阿拉伯人操控了所有的商业。阿拉伯商船持续与中国进行贸易，直到中国于公元 878 年封闭港口。

基督信仰的西方世界，和中国以及君士坦丁堡以东的世界都没有直接接触。十字军东征唤醒伊斯兰世界团结对抗基督徒，封闭往东之门，更加深了东西两方的鸿沟。1187 年，萨拉丁（Saladin）在加利利（Galilee）的哈丁角（Horns of Hattin）附近打败十字军之后，对立情势更加尖锐。十字军在圣地的多数据点都落入穆斯林的手中。

中亚的蒙古族于 1206 年在圣地喀拉昆仑山集会，推举成吉思汗（1162—1227 年）为可汗。在成吉思汗的领导之下，12 年内征服了中国北方称为契丹的区域（1218 年，契丹人建立的西辽为蒙古人所灭），只花两代的时间就统治了全世界大部分的地方，领域从中国一路延伸，直到西欧外缘。新的机会随着蒙古人的崛起而降临。蒙古人并不信奉基督教，也不是穆斯林。不少西方基督徒预期他们终将改信基督教，于是派了传教士深入蒙古疆域，贸易机会便跟着出现。威尼斯商人抓住机会和广袤、富裕的东方帝国进行贸易的时机终于到来。

马可·波罗大约是 1254 年出生在威尼斯上流商人家中。今

天，世人公认他是第一个到过中国，而且写出游记的欧洲人
（《马可·波罗游记》，*The Travels of Marco Polo*, 1298）。知道罗
盘是中国发明的人，自然推想是他把罗盘带到欧洲的。遗憾的
是，事实并非如此。最早出现与罗盘相关的欧洲文献记载，是
1187 年尼卡姆的著作，比马可·波罗出生的时间早了将近 70 年。

　　由此证明，马可·波罗不是把罗盘从中国带到西方的人，但
也不能说他回威尼斯时没带着罗盘，只是他不是第一个带回的。
而且在他风尘仆仆旅行的时候，欧洲许多船只都已装配了罗盘。
就算真的带回了罗盘，他在游记中也只字未提。然而，他的故事
叙述了航海事业扩展期间东西方的关系，也指出在罗盘对航海日
趋重要的关键时刻，这些关系是什么情况。他的故事也是个例
证，证明在他之前，罗盘如何经由不知名的旅行者之手，沿着和
他同样的路线，从中国传到欧洲。只是这位旅行家没有留下任何
记录，更何况著书传世了。他从威尼斯出发，到达东方，再回到
威尼斯的旅途，正好是中世纪时代东西方旅行的典型，罗盘极有
可能就是经由这条路线传到欧洲。

　　马可·波罗的父亲尼可罗（Nicolò）和叔叔马非欧（Maffeo）原
来在君士坦丁堡经商，搭乘自家的船只从君士坦丁堡到黑海的索耳
得亚（Soldaia）。由于身为船主，他们有机会决定航线和其他与航
行有关的事务，所以兄弟俩决定由索耳得亚到东方去寻找有利可
图的市场。他们当时走的陆路，经过中亚到达大都（今北京），然
后在 1269 年回到威尼斯。他们此行在亚洲建立了重要的商业人脉，

还认识了可汗。第二次前往东方的时候，就带着马可·波罗同行。

17 岁的马可·波罗随着父亲和叔父，于 1271 年走陆路前往中国。他们从威尼斯出发，经由当时大家常走的路线到达君士坦丁堡。接下来往东的路途艰辛难行。他们越过博斯普鲁斯海峡进入亚洲；跋涉通过小亚细亚的崇山峻岭，穿过波斯中部的沙漠；和帕米尔高原隘口的冰雪以及海拔两万尺的高山搏斗。终于越过塔里木盆地，经过突厥斯坦（Turkistan），到达戈壁沙漠南端。途中不时必须停顿，以便补充给养，躲避高温和沙暴，最后他们终于到达元朝都城大都。这趟旅途一共花费了三年半的时间。波罗一家人这趟旅程的漫长和艰险，有助于了解东西方隔绝如此之久的原因。然而贵重货物贸易的经济诱因，促成像波罗家族这种精力充沛的人，乐于踏上看似不可能的旅途。

在抵达大都不久，年轻的马可立即学会一口流利的蒙古语。他的语言天才对于父叔和广大亚洲帝国的人民谈生意大有帮助，也有助于和当地领袖进行真正的沟通。他们很幸运，和高层人士建立了关系，成为忽必烈的朋友，转达了罗马教皇的口信。忽必烈在大都以盛大的场面接见他们。

可汗极为欣赏他的新朋友，赐给他们不同的官衔。他们以贵宾身份到处游历，随身携带官方通行金牌，在广大的帝国里通行无阻。从日本海到欧洲边缘，所到之处都享有免费护卫和住宿的权利。年轻的马可常常奉可汗之命执行特别任务。其中一项重大任务就是由中国取道海路前往欧洲。

　　当时可汗的女儿即将远嫁波斯，马可说服可汗，利用当时的航海仪器行船前往，要比经由陆路安全而迅速。可汗相信，以他们三人的航海知识，正好是护送公主的最佳人选。马可·波罗曾和中国水手讨论航海技术，获知中国水手早有航行印度洋的经验。在整趟旅途中，他善加利用这种经验，所以航行极为顺利。但是全程还是费时数月，而且根据他的说法，还有人死在船上。

　　马可·波罗在东方游历的范围很广，创造了空前的历史纪录。他的游记得以流传后世，实在是出于机缘。返欧数年之后，他被捕入狱，在狱中结识一位作家，协助他出版游记。这段机缘，使他的游记在世界探险史中占有了一席之地。

　　其实波罗家族大都走海路，返欧之路也是全程皆然。马可·波罗滞留东方期间，由于和东方的航海人士密切接触，对中国的航海术有了深刻的了解，成为优越的水手。然而令人困惑的是，在他的著作中只字未提罗盘。是不是在元朝，罗盘多半还是用于看风水？

　　根据他的说法，中国航海家懂得利用在科摩林角（Cape Comorin，北纬8度）升起的北极星判断方位。在科摩林角，只能在地平线上隐约看到北极星，英国航海家抵达这里的时候，都说"北极消失"了。因此在这个纬度，罗盘对于往南航行的船只非常重要。马可·波罗另外还记录了北极星的两个仰角：一个在马拉巴尔，另外一个在胡荼辣国（Guzerat）。他的叙述指出，北极星不但可以用于确定方向，还可以用来估计船只所在的纬度。

有的专家认为，罗盘可能在欧洲独立发展，和中国的发明无关。马可·波罗的故事可能为这种见解提供了另一个思考的角度，因为它也提供了一些有关东西方接触的事实。从中国通往西方的航线险阻重重，而且还有几个世纪封闭不通。经由中亚的陆路成了实际可行的选择，甚至在海上航线开放的同时，也仍是较受欢迎的路线。纵然经常受到强盗、伊斯兰政府官员以及其他政治因素的干扰，在整个中世纪时期，骆驼队商还是经由这条路线把中国的货物运到罗马帝国，因为技术上仍有可能走完全程。

中国可能在公元 1 世纪甚至更早的时候就拥有罗盘。在罗马帝国时代，这条贸易路线畅通无阻，货物源源不断地运达欧洲。这段时间，地中海地区和中国的占卜文化相当发达。萨莫色雷斯岛的地理位置接近君士坦丁堡，因而成为中国货物的终点站，这里的宗教活动此时也相当活跃，而且在宗教仪式上使用磁铁。在中国供堪舆之用的罗盘，极可能在几个世纪的贸易过程中到达欧洲，进而成为地中海地区某种宗教信仰的用品。

马可·波罗的游历，为中国和西方之间的交通运输提供了极好的佐证；强调在罗马时代和他的生存年代之间，罗盘可能掺在货物当中传到欧洲，所走的就是他和父叔在中世纪晚期探行的那条路线。

可是，为什么应该相信罗盘是从中国输入的？最有力的证据来自李素华：

我们可以说，巴拉（Bailak，第一个提到罗盘的阿拉伯作家）的著作中指出，在叙利亚海和印度洋上实际航行操作中，南方或"正午"总是比北方先被提到。这种细节确认了阿拉伯采用中国的实用做法。巴拉于 1242 年在叙利亚海看到的罗盘，和郭春石在 1116 年前后写的《平洲演义》所描述的，正是同一种罗盘。这是磁针浮于水上的罗盘，为法国航海家在圣路易（Saint Louis，1226—1270）统治期间所采用。同样的，巴拉于 1282 年提到印度洋使用的铁鱼，正和 1040 年《武经总要》所叙述的属于同一种。

短短的 147 年（从确定中国拥有罗盘的 1040 年，到尼卡姆著作出版的 1187 年），好像是罗盘从发明地中国辗转传到欧洲的合理时间。13 世纪以前的商队，采取和马可·波罗家族同样的路线运送货物时，很可能夹带了罗盘。当然，这不是必然的假设，因为欧洲也有可能自行发明罗盘，而和中国无关。然而，纵使在 13 世纪末罗盘成为欧洲船只的标准配备以前，中国人没有将它运用于航海，仍然是最先发明罗盘的民族。这点还可说明为什么马可·波罗对于中国航海术着墨甚多，却独漏罗盘。

马可·波罗死于 1324 年。长期以来大家都认为他的故事掺杂了想象，他的威尼斯同胞还为他取了"百万富翁"（Milion）的绰号，因为挂在他嘴边的都是"百万"。他利用贸易赚取的财富购买的房子，今天仍然开放参观。威尼斯人称之为"百万富翁别墅"，倒也恰当。

据传，波罗父子三人在25年后回到家，敲门时仆人从门缝中看到三个衣衫褴褛的人站在门外。仆人问他们是谁，他们回答"主人"。困惑的仆人让他们进门，他们撕开衣服的衬里，抖出一大堆的玛瑙、红宝石和钻石。

虽然有关马可·波罗的一切难免附会穿凿，他的叙述却大都符合史实。研究中国和别的地方关于那几个世纪的档案，都证实他的故事多半正确无讹。他对于当时的中国以及东方风俗习惯的描述，异常精确。

第 十 章

绘制地中海海图

中世纪后期，海图和航海指南在欧洲与罗盘同步发展。风向罗经面可以轻易画在海图边缘空白处，供水手逐一核对海上和海图的方向。航海手册指示水手如何使用海图和罗盘，以最安全、最有效率的方法来往于各港口之间。

地中海地区的航海指南历史悠久，提示的方法非常简明扼要。3 世纪的航海手册《大海测距法》(*Stadiasmus of the Great Sea*)，提出以下前往克里特的指示：

> 从克索斯（Casus）到山摩尼安（Samnonium）300 测距单位，这是一处延伸到极北的岬角，有座雅典娜的神庙和碇泊处。

大约在 1250 年到 1265 年，意大利出现了两种最重要的航海工具，据说是同一位无名氏所创的。两者都称为"康巴索"（Compasso），但不是罗盘（compass）：第一个是地中海海图，第二个是地中海航行指南。这两种辅助工具，配合有风向罗经面的罗盘，引发全世界的航海革命，促成 7 个世纪之后全球整合经济的出现。

海图对于中世纪的地理学很有贡献。古人固然早有海陆地图，可是既不精确又不符合比例，无法作为海图使用。罗盘出现后，由于上头的风向罗经面能在旋转后指出正确的方向，使 13、14 世纪出现的海图精准程度确有增加。海图边缘空白处显示罗盘的方位，两者可以配合使用。接着又出现地中海各港口的航行指南。

此后，航海指南和海图又迭经改良。1490 年，威尼斯的阿尔维塞·达·摩斯托（Alvise Ca' da Mosto）出版一份后来广被采用的航海指南，意大利水手靠它航行地中海。

一份比例精确而且更为正确的海图出现在比萨（很可能也是在比萨绘制的），取代了原来不甚精准的地中海海图。这份海图名为《比萨航海图》（见图 13），它是现存最早的海图，大约出现于 1275 年。《比萨航海图》显现出对于地中海的广泛知识，还有绘制海图所需的惊人数学能力。而且海图采用的是 16 个风向。

《比萨航海图》的比例非常精确，图例附有比例尺和风向罗经面。200 英里的长度划分为四区，每区 50 英里。其中两区再细分为 10 个和 5 个部分。纵横方向都有和今天海图同样的标尺。

利用海图需要复杂的数学能力。海图和航海指南提示全地中海所有港口的方位，水手必须懂得配合罗盘和地图上的方向。罗

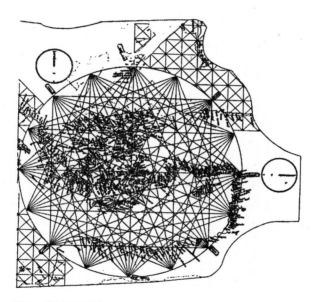

图 13 《比萨航海图》

经点的设计和海图的关系颇为有趣。从海图中心的圆圈画出 16
条射线，不同的风向以不同颜色标出，以利于分辨。射线到达
圆周的地方，都画出 1/4 的风向，可从罗经面直接对照到海图
上。都市和港口的名称则以旗帜标示在旁边，附有统治者的纹
章或徽记。

精致的地中海海图陆续出现。14 世纪，最著名的绘制者是佩
图鲁斯·威斯康提（Petrus Vesconte）。他所绘制的亚得里亚海
和地中海其他地区的海图，详尽程度真是前所未有。另一个特
色是，定位非常精确的风向罗经面，两者配合使用，使罗盘发
挥极大的效用。

13、14 世纪流传下来的海图，有如图 15 所示。学者依据这
些海图归纳的结论是：早期意大利和欧洲其他地方所使用、附有
风向罗经面的罗盘，都划分为 16 个风向。后期的欧洲罗盘则变
成 16 的简单倍数，如 32 或 64。

绘图学在 14 世纪的威尼斯非常发达。绘制海图不仅是艺术，
还是科学。当时的海图都是手工绘制，加入水手所需的详尽资
料。然后再利用手工描摹，卖给航海家。良好的海图是水手最珍
贵的资产。威斯康提有两个得意的传人：威尼斯的两个兄弟马可
和弗朗西斯科·皮契卡尼（Marco and Francesco Pizzigani）。他们
克绍箕裘，绘制的地中海海图非常精确。

从 13、14 世纪沉船取得的记录和货物中发现，船上都带着
航海图［有时称为世界地图（mappamundi）］和罗盘，以及备用

图 14　威斯康提所绘的海图，上有风向罗经面，取自 1318 年他所出版的地图集，现藏于不列颠图书馆。

的天然磁石。海图、航海指南和精密的罗盘，在当时已是船只的标准装备。

1377 年，阿拉伯作家伊本 – 卡勒敦（Ibn-Khaldūn）指出，环地中海所有国家的名字都画在称为"康巴索"的海图上。这是一张补缀而成的地图，上面除了风向罗经面以外，还有地中海海岸线图。阿拉伯文称为"崑巴斯"（Kunbas），这显然源自意大利文。

在地中海航行，用推算法所产生的船只位置误差，还可以容忍。因为船只的航线比位置还重要。而罗盘是确定航线的重要仪器。罗盘的直接功效，就是让船只在地中海区域能够维持终年不断的航行。

13 世纪末，欧洲在普遍使用附风向罗经面的罗盘之后，把船只拉到岸上过冬的传统就此走进历史。而地中海的城邦在威尼斯领衔之下，也采取终年航海的新做法。热那亚修改法律，强制船队每年必须来回航行两次。一次在隆冬时节的二月出海，不得在海外停留。比萨的公证人记录显示，到了 13 世纪 80 年代，不论季节，整年都有船只出港在地中海海域航行。

帆船航行必须利用风力，地中海的盛行风使得船只靠罗盘从事冬季航行的优势更具决定性。从前，如果想在 5 月到 10 月抵达意大利的港口，从埃及返航的船只必须利用盛行北风或西北风，绕道塞浦路斯或罗德岛。古罗马的运谷船都走这条路线。可是罗盘出现以后，情势大为改观。冬季的季风对于从埃及返航的船只更为有利，因为他们可以选择更快、更直接的航线。10月和11月从埃及往海上吹的是东风，威尼斯、比萨和热那亚的船队回程都比较迅速。

16世纪，一艘威尼斯商船留下的航海记录表明，它在10月21日离港，从亚力山大港直朝克里特南方和西方航行，在回威尼斯的途中，于1561年11月7日抵达科孚岛。罗盘发明之前，是根本无法从事这样的航行的。

罗盘加上详尽的海图，再加上列出所有港口以及港口之间方位的良好航海指南，永远改变了地中海航海的本质。这些发展为航运带来空前的进步，最明显的表现，就是滨海国家以及持续经营地中海船队的内陆国家，其贸易皆获得空前发展。

第十一章

航海革命

罗盘、海图和航海指南，把地中海的航运状况提升到新的层次，还开启了地中海之外的海洋探险之路。大发现时代的水手，配备精良的罗盘，缔造真正的世界商业革命，改变了整个世界。

罗盘出现于地中海之后，一个世纪之内就已传到北欧。正如前文所述，早在10世纪，古挪威人就曾在没有罗盘的状况下航行到冰岛。到了14世纪，罗盘成为海船的标准装备，北方海洋的航运情况获得改善，并且大幅扩张。

在波罗的海和北海，罗盘的地位不如在地中海重要。在弗拉·毛罗修士（Fra Mauro）所绘的15世纪海图上，注明一则德国传说："在这片海上航行，只靠测深索，不用罗盘和海图。"但这并不意味北欧人不知道罗盘，而是海水的深度变化不妨碍船只航行。地中海和大西洋的水位因为太深，测深索无用武之地，所以罗盘比较管用。其他地区晚至1449年，都还在广泛使用测深索。当年格但斯克（Danzig，位于今天的波兰，濒临波罗的海）有一艘船要开往葡萄牙首都里斯本，其遭遇可以证明这点。这艘船在英国的普利茅斯（Plymouth）遭到扣留，船长被迫交出测深索，以防他们潜逃。

在离开大陆棚进入深海的北欧航线上，也包括从西班牙到英国和海峡地区的航线，罗盘的价值无法衡量。15世纪，一本针对这些水域的航海指南，指出测深索如何和罗盘搭配使用。这里摘录部分内容如下：

> 离开西班牙或在菲尼斯特雷角（Cape Finisterre）时，航向北北东（NNE）。推算已达赴英航程的2/3时，如果是要前往塞文（Severn），走正北偏东，直到开始使用测深索的水域。如果水深90英寻或100英寻，改为朝北，直到水深72英寻处，可以发现灰白砂。此处即为克利尔岛（Cape Clear）和西西里岛之间的通道。接着往北前进直到探到软泥，这时就该把航向改为东北偏东。

英国到冰岛的航线，是另一条只能局部采用测深索而大部分使用罗盘的航线。15世纪，来往于英国和冰岛之间的船只，都提到航行中使用"针和石头"。航海指南指出，沿岸航行的时候使用测深索，在外海时则用罗盘。同一个世纪的大西洋渔船都使用罗盘。

航海家亨利（Henry the Navigator，1394—1460）领导下的葡

萄牙人，是第二波航运发展的肇始者。他们详尽探勘西非海岸。15 世纪时占领亚速尔群岛（Azores）作为殖民地，也探索大西洋沿岸，企图找出新航线，绕过地中海东岸的伊斯兰帝国，到达富裕的东方市场。据说亨利曾在葡萄牙南部的萨格里什（Sagres）设立航海学校，训练最优秀的航海人员和天文学家。葡萄牙人利用天文观测，发展出先进的航海方法，成为卫星定位系统（Global Positioning System，缩写为 GPS）启用以前的航海先驱。

罗盘风行以后的几个世纪，西班牙人和葡萄牙人的航海技术进步惊人。他们使用星盘（astrolabe，六分仪的前身），配合罗盘和其他航海仪器，再加上天文观测，来估算船只的位置。当然，这时精良的船钟（chronometer，又名"天文钟"）尚未问世，决定经度的技术也还有待来日。可是利用罗盘和初期的天文航海术，西班牙人和葡萄牙人还是到远离欧洲的地方去探险。由于两国竞争激烈，教皇亚历山大六世被逼得只能应他们的请求，选定一条划分西班牙和葡萄牙势力范围的子午线。

葡萄牙的航海新法鼓舞了哥伦布。他曾想过利用葡萄牙的先进航海方法，只是无法充分掌握。在发现新大陆的整趟航程中，他所依赖的主要还是罗盘。他利用罗盘，以推算法推估船只位置，方法是以估计的船速乘以航行时间，将所得的距离顺着罗盘指出的航向，从起算的位置延伸出去，再加上估计的逆风修正。

哥伦布擅长运用简单的推算法。由于天分奇高，他能够不借助天文航海法，而只顺着以前走过的航线，越过数千英里之遥的茫茫大海，抵达去过的地方。其后横越大西洋、太平洋和其他海域的探险家，都使用更进步的航海法，只是这些方法都离不开罗盘。

印度洋的情况则大异其趣，罗盘的发明对其贡献不大。由于印度洋季风的规律性，让水手对于方向了然于胸。阴天的时候，水手依据季风的固定风向即可确定方位，不必使用罗盘。加上印度洋经常晴空万里，夏季和冬季航行的差异不如地中海大，航行于印度和阿拉伯之间的船只要保持正确方向不是难题，对于罗盘的依赖程度也不如地中海高。

从波斯到东非的桑给巴尔岛（Zanzibar）是南北走向的航线，但因阿拉伯水手都根据星座来估计方向和位置，罗盘的重要性一样不大。欧洲探险家指出，罗盘成为地中海船只标准装备的一个世纪之后，印度洋的船队仍然没有使用罗盘。因为要在当地确定方向不太需要罗盘，估算船只位置靠的是以星座位置变化计算而得出的纬度差异，所以推算法也用不到罗盘。

在航海家亨利的时代，葡萄牙举国上下同心协力，希望发现新的贸易航线以及大洋之间的通道，目的在于扩大霸权。他们发现许多新的通道，进入未经探索的大洋，然而最大的成就发生于 15 世纪末。从非洲沿着海岸南行，绕过好望角（Cape of Good Hope），再转东北道入印度洋的航线，正式打通。这是达·伽马

（Vasco da Gama，1460—1524）的伟大成就。他率领船队于1497年离开葡萄牙，直航非洲南端。这次航行除了事先的周密计划之外，还借鉴了以前航海家航行非洲沿岸多年的经验。他们绘制了这个海域的海图，也记录了罗盘的读数。凭借达·伽马渊博的航海知识，加上精密的仪器，造就了这段成功的航行。

达·伽马的准备工作真是史无前例。特地为这次航行建造两艘新船"圣加布利叶号"（*Sao Gabriel*）和"圣拉法叶号"（*Sao Rafael*）；船身格外牢靠，还加装了小火炮。这不是探险航行的常态做法，因为一般的探险船都没有武装。但有鉴于空前的航行距离和长期的远离友好地界，武装不失为谨慎的做法。

船队还有两艘小船：一艘轻型帆船和一艘载运补给的运输船。水手都经过仔细挑选。达·伽马本人则是国王任命的船长，脱颖而出的原因可能是经验和才能出众。他没有指挥船队的经验，而且正式文件都称他为"绅士"。可是他具有航海的潜能，还有丰富的数学和科学知识，能够观测天体确定船只位置。当时这种方法还处在萌芽阶段。

航程之初走的是葡萄牙人例行的航线，从摩洛哥海岸南下到佛得角群岛（Cape Verde Islands）。船队遭遇浓雾而失散，而且有部分受损。幸好几位船长都是优秀的水手，依据罗盘的航向直奔佛得角群岛会合。整修船只之后，船队继续往南；依据罗盘指示的方向直线前进100英里，到达塞拉利昂（Sierra Leone）海岸线外。

达·伽马在这个地方做出空前勇敢的举动。大发现时代较早的航行，到此都沿着非洲海岸朝东南方前进，而且在船只顺着加蓬—刚果—安哥拉海岸往几内亚前进的途中，都不会离开陆地太远，这应该是个合理的选择。可是没有指挥船队经验的达·伽马，却能不受传统的束缚。对于直觉和运用罗盘、观测天体的自信，使他做出出人意料的决定，选择了西南偏西的方向，直接进入大西洋。

他的豪赌获得回报。如果朝东南前进的话，将会遭受盛行风的阻挡而寸步难行。他所选择的方向却得到顺风之助，迅速朝南并往非洲之角（Horn of Africa，位于非洲东北部，今天的索马利亚境内）而去，此举开启往后 300 年航向印度的新风潮。在西经 24 度的赤道地区遭遇往南吹的信风时，他将航向改为南西偏南，利用风力快速往南前进。从佛得角群岛往南到非洲南端的航程中，船队有三个多月看不到陆地。这是欧洲船只至今在大海中缔造的空前纪录。这样长途的越洋航行，加上大海上的几次改变航向，如果没有罗盘之助，是根本不可能的事。

葡萄牙人对非洲南端并不陌生。更早的探险家迪亚斯（Bartholomeu Dias）就曾于 1487 年从葡萄牙出海，沿非洲海岸南下。他继续冒险的脚步，直达好望角，距离远超过在他之前的欧洲或葡萄牙探险家。

在绕过好望角并且补充船上的给养之后，达·伽马进入欧洲人前所未知的区域。他于圣诞节期间到了蓬多兰（Pondoland，位于今天的南非，濒临印度洋）外海，将他发现的新岛屿命名为纳塔尔（Natal）。他从这里出海一个月，但遇风折回。在陆地上停留一个月后，船队利用顺风通过索法拉（Sofala，东非的大港，位于今天的莫桑比克），6 天后接近莫桑比克（Mozambique）的市镇。他们以衣服和工具交换饮水和食物。但当他们继续沿非洲东岸前进时，船上的东西却未能引起土著的兴趣。因为当地人一直在与中国人和印度人做生意，对于丝织品、棉织品和瓷器之类的东西才有兴趣；对于水手带来的粗糙欧洲产品缺乏兴趣。

达·伽马在马林迪［Malindi，位于今肯尼亚东南部，加拉纳河（Galana）的出海口］雇用阿拉伯人伊本－马吉德（Ahmād Ibn-Mādjid）为水手。马吉德写过多本航海指南，当时（公元 1498 年）已经是个老人了。他协助达·伽马用 27 天的时间轻易越过印度洋。葡萄牙国王马诺耶（Manoel）于公元 1499 年 7 月颁布一本小册子，推崇达·伽马率领船队从葡萄牙到达印度，然后平安返航的伟大成就。欧洲和印度之间崭新而重要的贸易航线，正式揭开序幕。

达·伽马返回欧洲正好碰上最好的时机。一连串的政治事件，造成 15 世纪末欧洲香料价格暴涨。威尼斯人、热那亚人、法国人和其他欧洲人，都得依赖从陆路运来的香料，而这些路线不是阻塞就是封闭，香料和其他东方货物因而奇货可居。欧洲在短期之内就深刻体会到达·伽马的成就所代表的意义，以及他为世界贸易带来的大好机会。

1499 年，威尼斯的胡椒价格将近印度产地的 30 倍；其他货品的情况也大略相同。这样的价差造成西方强烈希望和东方进行海上的联系。在达·伽马返回欧洲一年内，由葡萄牙王室、商人团体和佛罗伦萨商人共同出资组成 13 艘船的大船队，从葡萄牙开往印度。船队由佩德罗·阿尔瓦雷斯·卡布拉尔（Pedro Alvarez Cabral）率领，在大西洋遭遇风暴损失了 6 艘船，但还是到达了印度。这次航行证明达·伽马沿非洲海岸南下、驶往印度这条海路在香料贸易上的获利能力。

葡萄牙人和欧洲人在其后几年，更往东进。迪耶哥·罗培兹（Diego Lopez de Sequeira）于 1508 年登陆马六甲（Malacca）。意大利航海家路德维科·迪·瓦尔泽马（Lodovico di Varthema）追寻马可·波罗的路线，于 1505 年通过马六甲海峡，到达苏门答腊和香料群岛（Spice Islands，即东印度群岛）。欧洲人在马六甲、爪哇和其他地点设立基地，供船只补给和转运货物之用。葡萄牙还在澳门设立基地，于 1999 年才将澳门归还中国。

在达·伽马航行到印度的同时，热爱航海的佛罗伦萨商人亚美利哥·维斯普奇〔Amerigo Vespucci，美洲（America）之名就是来自他的名字〕依据哥伦布的路线，前往南、北美洲两次。第一次是为西班牙王室效劳，第二次则是为葡萄牙王室。1500 年，他从中美洲和加勒比海回来之后，成为西班牙总领航员。西班牙、葡萄牙两国都极力开发通往美洲的航线，以寻找黄金、珠宝和其他珍贵物资。与此同时，通往印度的航线逐渐成为欧洲和亚洲的贸易通道。

麦哲伦（Ferdinand Magellan）于 1519 年率领 5 艘船的船队，从西班牙的加的斯（Cadiz）出发，这是大发现时代野心最大的航行。麦哲伦是葡萄牙人，可是率领的是西班牙船队。他选择的船队官员大都是葡萄牙人，但水手的国籍不一，使用的语言混杂。他依据计划，先是朝南航行，到达佛得角群岛，然后越过大西洋抵达巴西。由于一位船长在航线的选择上和他发生争执，他把对方解职。在探索过拉普拉塔河（Plata）河口［由巴拉那（Paraná）河和乌拉圭河共同形成的河口］之后，继续往南直到巴塔哥尼亚（Patagonia），并在此过冬。部分水手在西班牙官员领导下叛变，他平乱叛变、处死叛徒，并控制了船队。

他在巴塔哥尼亚进入前所未知的水域，凭借的是他的航行技术、罗盘和对星星的观测。据流传下来的航海记录显示，他计算的纬度精确无比，依据罗盘决定的方向也一样无可挑剔。甚至对经度的计算也颇为优越。夜晚观测星象的记录非常详尽，还在晴朗的夜空观测到两团欧洲人前所未见的星云。这两团星云是环绕于银河外围的卫星银河，现在称为大小麦哲伦星云（Magellanic Clouds）。

船队由南大西洋通过麦哲伦海峡，进入太平洋；麦哲伦海峡可能是全世界最危险诡异的航道。风暴狂烈，而且洋流强劲、无法预测。海峡东边入口两侧草地低平，可是它的宁静却是欺人的外表。310 海里的航程，船只从东边入口到达西边出口时，变化剧烈。海峡西边是峡湾，是白雪皑皑的高山之间的开口。大自然以惊人的力量袭击船只，力量之强大难以抵挡。绕过南美洲西岸山脉的盛行西风狂暴肆虐，海水翻滚，直达狂风暴雨的大海。有些地方宽度只有两里。沿途没有避风之处，水手无处躲藏。暴风之外还有湍急的洋流：南美沿岸的洋流在这个尖端部位汇合，使此地成为一口大汽锅。通过麦哲伦海峡可能是水手最难忍受的恐怖经历。船队能够平安通过，实在是一件了不起的成就。

进入海峡以前船队没有补给的机会。在东岸得自土著的淡水，但其盐分太高品质不好；而且食物不足，得靠捕鱼和捕海鸟补充。船队刚刚进入海峡时，部分官员心生异念。"圣安东尼奥号"（San Antonio）起而叛变，径自驶回西班牙。麦哲伦带着其余船只，披荆斩棘，以 38 天的时间渡过海峡。而后的探险队从大西洋通过海峡进入太平洋，有时要花上数月。然而在同一个世纪，德瑞克爵士（Sir Francis Drake）创造了帆船通过的纪录——仅仅 16 天。

通过之后，麦哲伦发射船炮庆祝船队的成功，并向南太平洋致敬。然后船队面对的是空荡荡的太平洋，面积几乎等于地球全部陆地的总和。此后近乎 4 个月之久，除了两座无人海岛之外，他们没有见到过陆地。在关岛登陆时，船只已经残破不堪。水手度过有史以来最漫长的海上行程：靠老鼠和浸湿的木头充饥，个个都已经半死不活了。

麦哲伦在整段航程中几乎只依靠罗盘。出了麦哲伦海峡，他沿着智利海岸去了北西偏北的方向。保存下来的航海日志指出，他在南纬 20 度左右改向西北，利用东南向的信风。到了南纬 15 度，他又改变方向朝西前进。再次改向朝西北之后，船队大约在西经 154 度越过赤道。到了北纬 12 度，方向变为朝西直到抵达关岛。他利用罗盘和天文观测法的手法老练，证明了优秀的航海家有可能在茫茫大海中从事远距离的航行，虽不知道经度，仍旧能估算船只的位置。

船队继续前往马里亚纳群岛（Marianas），再到菲律宾群岛。麦哲伦在菲律宾卷入了当地的政治纷争，由于支持一位统治者，结果遭到敌手伏击而遇害。剩下的船队继续西航，于 1521 年 11 月间抵达摩鹿加群岛（Moluccas Islands，也就是香料群岛）的蒂多雷岛（Tidore）。这时船队只剩下一艘"维多利亚号"，由巴斯克（Basque）籍船长赛巴斯倩·德勒·卡诺（Sebastian del Cano）指挥，往西进入印度洋。然后船只沿着非洲海岸航行，数周之间几度企图绕过好望角，但都徒劳无功。

德勒·卡诺是由水手升任的船长，欠缺麦哲伦的航海技巧。返航西班牙途中所选的航线拙劣之极，所以浪费了不少时间。1522 年 5 月，"维多利亚号"总算绕过好望角，但水手不是饿死就是死于坏血病。他们在佛得角群岛用从东方运来的香料换得稻米，终于解除了饥饿的威胁。经过亚速尔群岛后，终于在 1522 年 9 月初回到西班牙。3 年前出海时有 200 多人，这时只剩下 15 个羸弱不堪的人。然而，他们却完成了第一次环航地球的壮举。

麦哲伦拥有世界上部分地区的海图，包括一些欧洲人曾经到过的太平洋群岛。航程中他就依据这些已知的地点，利用罗盘确定方向。在大海中成功通过这些路线，主要应归功于他利用罗盘确定远处目的地的能力。他凭借的不是运气。由德勒·卡诺接续完成这次航行之后，西班牙的绘图者完成了这世界大部分的海图，为这次坚苦卓绝的伟大航行增添一笔贡献。16 世纪末，德瑞克爵士带着这样一份新的世界海图，纵横各处的海洋。

麦哲伦的壮举完成之后，西班牙和葡萄牙的冲突日趋激烈，双方各自宣称拥有印度洋上若干群岛或地区的主权。这两个航海国家几经磋商斡旋，结果之一是西班牙从葡萄牙挖走不少绘图好手，得以利用葡萄牙水手的航海知识并加以改进。结果，西班牙越洋航行的成就超过葡萄牙。1525 年，西班牙派出船队重走麦哲伦航线，德勒·卡诺担任其中一艘船的船长。他本人死于海上，同时出航的船只大都折损。于 1529 年签订的萨拉戈萨（Saragossa）和约中，西班牙将摩鹿加卖给葡萄牙，进一步划分了两国的势力范围。

"维多利亚号"回到西班牙是大发现时代最伟大的成就。西方航海家就是在这段时间，初步认识了全世界主要的海洋。而且麦哲伦这次航行证实了地球确实是圆球体。15 世纪末和 16 世纪初的航海家也证实：凭借罗盘和度量星星在地平线之上高度的星盘，没有无法精准通过的大海或大洋。

　　17 世纪，荷兰航海家在从合恩角（Cape Horn，智利火地岛最南端的陆岬）往南，发现了澳洲；18 世纪，白令（Bering）发现太平洋通往北冰洋的通道。19 世纪，库克（James Cook）船长绕过新西兰，发现夏威夷，进而寻找由太平洋经阿拉斯加前往大西洋的通道。

　　库克船长是最后一个对协助世人了解罗盘的作用有伟大贡献的航海家。他本人的探险活动得力于罗盘之处颇多。他以科学方法研究罗盘的磁偏差；密集量度航行区域的磁偏角（以罗盘的读数与天体计算结果相对照），结果海图上都能精确标出世界各地的磁偏差。他在航海事业上的伟大成就，正象征着罗盘成就的巅峰。

结　语

在阿马尔菲文化和历史中心的大桌子前面，我从摊在桌上满布灰尘的卷帙中抬起头来。我已经钻研了好几个小时了，精疲力竭，视线也很模糊，但在我的脑海中，开始清楚地出现罗盘在世界历史上所扮演的角色。这个奥妙无比的发明，终于开始透露出它的秘密。

罗盘的故事表明，在对的时间出现对的发明能够改变世界。一项伟大的发明可能在很长一段时间内处于休眠状态，或者被主要用于次要目的。突然之间，被合适的人——有远见和进取精神的有识之士——发现，并被充分地利用。当这种情况发生时，人类的生活方式就会因此改变。

指南针在古代发明于中国，但未立刻应用于改进航海技术，而是被利用于风水。指南针和火药——中国最伟大的其中两大发明——在实际应用上都没有欧洲人使用得更广泛。前者（中国人）创造发明，而后者（欧洲人）则用于破坏性的目的。中国没让指南针这类发明得到充分的发展运用，其他国家也没有及时主动获取相关知识。对抗疟疾的故事，正足以提供更为晚近的例证，支持这项说法。由于引起疟疾的寄生虫已经产生抗药性，奎宁不再是治疗疟疾的灵丹。而在中国，治疗疟疾的草药已经流传了几个世纪。这项发现和罗盘的发明一样，在当时都列为机密没有外传。西方直到 20 世纪 90 年代才从不为人知的中国渠道获得足够的资料，从而确认这种药物的化学成分。结果发现，这种药物可以在美国和西欧国家遍地皆是的野生植物中提取，整个世界因而获得对抗疟疾的机会。

12 世纪末，罗盘的知识传开以后，能够将它广泛应用于航海的地方已经做好准备，即将创造最大的利益。幸运的是，当时欧洲有一个海上强国能够将罗盘投入使用，并将其改良到可以有效地用于导航——在航行中指示所有方向，而不仅仅是南北方向。这个海上强国就是阿马尔菲，在它短暂现身世界舞台而能有所表现的时间中，它确实把握了机会，也真的有所成就。

但很快，权力分配及相关势力发生了变化，威尼斯凭借优越的船队，成为第一个真正充分利用这个经过改良的罗盘的国家，从而把地中海的航运提升到新的水平。威尼斯凭借卓越的造船能力——兵工厂——使威尼斯有能力建造空前的大船；而罗盘又使得造船技术产生实际效益。像"罗卡福尔特号"这种大船，如果不能在冬天出海航行，或者不能以精确航线航行，就会变成用处不大的庞然废物。

创造罗盘的技术革命，也为海图和航海指南的出现开启了康庄大道。随着这些发展，大型船舶、频繁的航行以及由此带来的繁荣兴起。威尼斯在很大程度上是通过利用一个古老的想法并利用它来满足现代需求而成为海洋女皇的。

　　世界发展的下一个阶段是伟大的探险时代，哥伦布、达·伽马、麦哲伦以及西班牙和葡萄牙的航海家征服了海洋，开辟了新的贸易路线，到达了之前航行无法到达的地方。在这里，罗盘成为可靠，甚至独一无二的航海利器。这些勇敢的航海家，通常无法获得大西洋和太平洋的海图。海水的深度是未知的，对海岸、岛屿和港湾的知识也相当有限。在浩瀚的海洋中，船长只能依赖于风向罗经面的旋转以及对天体的观测。

　　罗盘使海员们能够绘制海洋地图，并建立横越整个地球的海上航线。今天的航线一仍旧贯，它们将世界上不同的经济体相互连接起来。那些驶过太平洋，满载着东方成千上万产品的船只，使用的罗盘和麦哲伦所用的并没有太大的差异，即使今天它主要由电力驱动（电罗经，又称陀螺罗经）。我们几乎没有意识到这一事实：尽管日常生活当中遇到或使用许多中国或是在其他遥远国度生产制造的产品，并在大洋彼岸用到我们自己生产的商品，也还是没有意识到罗盘是如何连接世界的。

　　罗盘从出现到在航海界取得掌控的地位，经历了一段漫长的时间。但是，一项技术如罗盘一样等待的故事，在历史上却一再重演。35 年前，当我和父亲搭乘"西奥多·赫茨尔号"（*SS Theodor Herzl*）穿越大西洋时，遇到了一场飓风。在接近飓风中心时，狂风怒号、浊浪滔天。可是父亲运用奇妙的仪器，帮助他避过最险恶的地方。在他的海图室的墙上，有个灰色的仪器，当父亲按下一个按钮时，就出现了气象报告。一张淡蓝色的纸——由许多小点组成的曲线和数字图表，显示风暴的位置和强度——正慢慢出现在我们眼前。这种显示最新气象预报的机器，就是今天所知的传真机的第一个模型。多年来，这种机器专用于向海员和飞行员传送气象图。直到最近，这项发明才在商业上得到普遍应用。传真在刚开始流行时引起的轰动，至今令我难忘（"你能相信人们让餐厅把菜单传真到办公室吗？"）。

复印机、互联网、彩色电视和移动电话，都在发明数十年以后才开始风行。制造和供应这些发明的技术能力都在多年前就已存在。互联网最初只是大学研究人员或军方在 20 世纪 60 年代使用的相互连接计算机网络；当时移动电话也是少数人使用；而复印机在 20 世纪初就已出现；彩色电视发明于 1929 年。这种例子不胜枚举。这似乎是一条科技的自然法则：一项技术被开发出来，然后等待很长时间，让人们发现他们对它的需求，而不是相反。新技术的出现必须适时适地；一旦条件成熟，这项技术就能改变我们的生活。

罗盘是继轮子之后第一个改变世界的技术发明。从起源于中国古代，到中世纪，再到我们这个时代，罗盘一直在被使用和改进。在今天，电罗经仍然是船舶和飞机最重要的航行仪器。当然，卫星的全球定位系统（GPS）已经取代了使用六分仪的天文观测法。

"你看完了？"，管理员面带温暖地微笑说。我揉揉眼睛，抬头看他，"是的，但我仍然不知道是否有一个叫弗拉维奥·格洛里亚的罗盘发明者。""这完全取决于一个缺失的逗号"，他含意深远地回答。我相信他已经读过自己负责管理的许多古籍中的每个字。他补上一句话："以后就看你自己了，祝你好运！"我起身和他握手，感谢他在我逗留阿马尔菲期间为我做的一切，心想我会想念他的，然后走进广场。

我在青铜铜像前面驻足。基座边缘镶有许多美丽的花朵。我想，无论他是谁，当地人确实非常敬佩和崇拜他。一辆载着游客的游览车抵达，游客们簇拥在铜像周围，试图解读意大利文的碑铭。临走的时候，有一个人说："这个人发明了罗盘。"我抬头看着铜像，心中思潮起伏：弗拉维奥·格洛里亚，如果你真的存在过，也不会了解你的发明对于世界产生了什么样的影响。

图书在版编目（CIP）数据

罗盘：一项改变世界的发明 / （美）阿米尔·D. 艾克塞尔著；
范昱峰译 . —北京：中国工人出版社，2021.7
书名原文：*The Riddle of the Compass: The Invention that Changed the World*
ISBN 978-7-5008-7679-3

Ⅰ . ①罗… Ⅱ . ①阿…②范… Ⅲ . ①罗盘 Ⅳ . ① TN965
中国版本图书馆 CIP 数据核字（2021）第 124666 号

著作权合同登记号：01-2021-5370

罗盘：一项改变世界的发明

出 版 人	王娇萍
责任编辑	金 伟 董 虹
责任印制	栾征宇
出版发行	中国工人出版社
地 址	北京市东城区鼓楼外大街 45 号 邮编：100120
网 址	http://www.wp-china.com
电 话	（010）62005043（总编室）
	（010）62005039（印制管理中心）
	（010）62001780（万川文化项目组）
发行热线	（010）82029051 62383056
经 销	各地书店
印 制	北京盛通印刷股份有限公司
开 本	880 毫米 ×1230 毫米 1 / 32
印 张	4.875
字 数	100 千字
版 次	2021 年 10 月第 1 版 2022 年 11 月第 2 次印刷
定 价	38.00 元